· 机器人学译丛 ·

基于 FPGA 的机器人计算

刘少山 万梓燊 俞波 汪玉 著

黄智濒 黄志伟 译

机械工业出版社
CHINA MACHINE PRESS

Robotic Computing on FPGAs, 9781636391670 , by Shaoshan Liu, Zishen Wan, Bo Yu, Yu Wang.

Part of Synthesis Lectures on Computer Architecture.

Series Editor: Natalie Enright Jerger.

Original English language edition published by Morgan & Claypool Publishers, Copyright © 2021 by Morgan & Claypool.

Chinese language edition published by China Machine Press, Copyright © 2024.

All rights reserved. No part of this book may be reproduced or transmitted in any form or by any means, electronic or mechanical, including photocopying, recording or by any information storage retrieval system, without permission from Morgan & Claypool Publishers and China Machine Press.

The simplified Chinese translation rights arranged through Rightol Media（本书中文简体版权经由锐拓传媒取得，Email:copyright@rightol.com）。

本书中文简体字版由美国摩根 & 克莱普尔出版公司通过锐拓传媒授权机械工业出版社独家出版。未经出版者预先书面许可，不得以任何方式复制或抄袭本书的任何部分。

北京市版权局著作权合同登记　图字：01-2022-3146 号。

图书在版编目（CIP）数据

基于 FPGA 的机器人计算 / 刘少山等著；黄智濒，黄志伟译 . -- 北京：机械工业出版社，2024. 6. --（机器人学译丛）. -- ISBN 978-7-111-76236-2

Ⅰ. TP242.6

中国国家版本馆 CIP 数据核字第 20241YF121 号

机械工业出版社（北京市百万庄大街 22 号　邮政编码 100037）
策划编辑：曲　熠　　　　　　　　责任编辑：曲　熠
责任校对：张慧敏　杨　霞　景　飞　责任印制：任维东
北京瑞禾彩色印刷有限公司印刷
2024 年 10 月第 1 版第 1 次印刷
186mm×240mm · 11.75 印张 · 211 千字
标准书号：ISBN 978-7-111-76236-2
定价：99.00 元

电话服务　　　　　　　　　网络服务
客服电话：010-88361066　　机 工 官 网：www.cmpbook.com
　　　　　010-88379833　　机 工 官 博：weibo.com/cmp1952
　　　　　010-68326294　　金 书 网：www.golden-book.com
封底无防伪标均为盗版　　　机工教育服务网：www.cmpedu.com

机器人是具有一定自主性的可编程机械系统，可以在其环境中运动并完成一些规定任务。工业机器人主要包含三大模块：传感模块、控制模块和机械模块。其中，传感模块负责感知内部和外部的信息，控制模块控制机器人完成各种活动，机械模块接收控制指令并实现各种动作。国际机器人联合会（IFR）根据机械结构将工业机器人分为五类。我国于2021年正式实施的新国标GB/T 39405-2020从以下五个维度对机器人进行了分类：编程和控制方式、运动方式、使用空间、机械结构和应用领域。自2016年机器人产业发展首次被写入"十三五"规划以来，中央及地方密集出台机器人相关政策。其中，工业机器人的发展多围绕"智能制造""制造业转型升级"等关键词展开。2021年12月发布的《"十四五"机器人产业发展规划》立足机器人产业高质量发展，从技术、规模、应用、生态等角度提出了发展目标。

机器人要实现智能化，需要能够通过传感器感知世界，了解环境，定位跟踪自身位置，进而综合所有信息，通过规划和控制做出决策。而且，机器人之间需要相互合作，以扩展感知能力并做出更智能的决策。所有的任务都必须在有严格能耗限制的平台上实时执行。FPGA是目前机器人计算的最佳计算基板，本书首先对FPGA技术的背景进行介绍，使得没有FPGA相关知识的读者也能够了解什么是FPGA以及FPGA如何工作。然后，深入介绍基于FPGA的机器人感知神经网络加速器设计，并对机器人感知中的各种立体视觉算法及其FPGA加速器设计进行讨论，验证了FPGA是加速神经网络的理想选择。之后，介绍在FPGA中实现并集成现有算法的关键原语的通用定位框架，并讨论运动规划模块，证明了FPGA是加速运动规划内核的理想选择。接着，探讨并总结如何在多机器人探索任务中使用FPGA，以及PerceptIn为自动驾驶汽车开发车载计算系统所做的努力。最后，介绍过去20年中FPGA在太空机器人中的应用。

虽然译者一直在从事计算机体系结构和工业机器人研发应用方面的实践和科研工作，但受限于译者水平，翻译中难免有错漏或瑕疵之处，恳请读者批评指正。

最后，感谢家人和朋友的支持和帮助。同时，要感谢在本书翻译过程中做出贡献的人，特别是北京邮电大学李煜权、郭逸弛、姜思成和张涵等。还要感谢机械工业出版社的各位编辑，以及北京邮电大学计算机学院（国家示范性软件学院）和埃夫特智能装备股份有限公司的大力支持。

黄智濒　黄志伟
2024 年 4 月

在本书中，我们全面介绍了先进的基于 FPGA 的机器人计算加速器设计，并总结了其采用的优化技术。对于将 FPGA 用于机器人应用，我们拥有丰富的研究经验，包括学术研究和商业部署。例如，我们已经证明，通过软硬件协同设计，与 CPU 和 GPU 实现相比，FPGA 的性能和能效提高了 10 倍以上。我们还率先在 FPGA 实现中使用了部分重配置（PR）方法，以进一步提高设计灵活性并降低开销。此外，我们已经成功开发并交付了由 FPGA 驱动的商业机器人产品，证明了 FPGA 具备高可靠性、高适应性和高能效，这也证明 FPGA 拥有可胜任机器人计算加速任务的巨大潜力。

我们认为 FPGA 是机器人应用的最佳计算基板，有以下几点原因。第一，机器人算法仍在快速发展，因此任何基于 ASIC 的加速器都会比先进的算法落后数月甚至数年，而 FPGA 可以根据需要进行动态更新。第二，机器人的工作负载是高度多样化的，因此任何基于 ASIC 的机器人计算加速器都很难在短期内实现规模经济；而在某种加速器能够达到规模经济之前，FPGA 是一种具有成本效益和能耗效益的替代方案。第三，与已实现规模经济的片上系统（SoC）（例如移动 SoC）相比，FPGA 具有显著的性能优势。第四，PR 允许多个机器人工作负载分时共享 FPGA，从而允许一个芯片服务于多个应用，进而降低整体成本和能耗。

FPGA 的功率很小，通常内置在内存较小的小型系统中。它们具有大规模并行计算的能力，并能利用感知（如立体匹配）、定位（如 SLAM）和规划（如图搜索）内核的特性，可以去除额外的逻辑，从而简化端到端的系统实现。针对硬件特性，研究者提出了多种算法，它们能以硬件友好的方式运行，并实现类似的软件性能。因此，与 CPU 和 GPU 相比，FPGA 既能满足实时性要求，又能实现高能效。此外，与 ASIC 不同，FPGA 技术具有现场编程和重新编程的灵活性，不需要对修改后的设计进行重新制造。PR 进一步提高了这种灵活性，允许通过加载部分配置文件来修改运行中的 FPGA 设计。通过使用 PR，可以在运行时对 FPGA 的一部分进行重新配置，而不会影响在未重新配置的设备上运行的应用程序的完整性。因此，PR 支持不同的机器人应用分时共享 FPGA 的一部分，从而提高能效和性能，使 FPGA 成为适合动态和复杂机器人工作负载的计算平台。由于 FPGA 相对于其他计算基板的优势，它已被成功应用于商业自动驾驶汽车和太空机器人应用。FPGA 提供了前所未有的灵活性，大大缩短了设计周期，降低了开发成本。

　　本书共 10 章，全面概述了 FPGA 在机器人感知、定位、规划和多机器人协作任务中的应用。除了独立的机器人任务外，本书还详细介绍了如何将 FPGA 应用于机器人产品中，包括商用自动驾驶汽车和太空探索机器人。

刘少山

2021 年 6 月

刘少山博士是 PerceptIn 公司的创始人兼首席执行官，该公司致力于开发自动驾驶技术。他在自动驾驶技术和机器人学方面发表了 70 多篇研究论文，拥有 40 多项美国专利和 150 多项国际专利。他出版了两本关于自动驾驶技术的书籍：*Creating Autonomous Vehicle Systems*（Morgan & Claypool）和 *Engineering Autonomous Vehicles and Robots: The DragonFly Modular-Based Approach*（Wiley-IEEE）。他是 IEEE 高级会员、IEEE 计算机协会杰出演讲人、ACM 杰出演讲人，还是 IEEE 自动驾驶技术特别技术社区的创始人。他拥有加利福尼亚大学尔湾分校计算机工程博士学位和哈佛大学肯尼迪学院公共管理硕士学位。

万梓燊于 2020 年获得哈佛大学硕士学位，2018 年获得哈尔滨工业大学学士学位，均为电气工程专业。目前，他正在佐治亚理工学院攻读电气与计算机工程博士学位。他对超大规模集成电路设计、计算机体系结构、机器学习和边缘智能有着广泛的研究兴趣，重点关注自主机器的能效、鲁棒性硬件和系统设计。他曾获得 DAC 2020 和 CAL 2020 最佳论文奖。

俞波博士于 2013 年获得清华大学微电子学研究所博士学位，2006 年获得天津大学电子科学与技术专业学士学位。他目前是 PerceptIn 公司的首席技术官，致力于为机器人和自动驾驶提供视觉感知解决方案。他目前的研究兴趣包括机器人和自动驾驶汽车的算法及系统。他是 IEEE 高级会员，并且是 IEEE 自动驾驶技术特别技术社区的创始成员。

汪玉于 2007 年获得清华大学博士学位，2002 年获得清华大学学士学位。他目前是清华大学电子工程系长聘教授，并担任系主任。他的研究兴趣包括特定应用硬件计算、并行电路分析和功率 / 可靠性感知系统设计方法。他在权威期刊和会议上发表了 250 多篇独立或合作撰写的论文。他曾获得 ASPDAC 2019、FPGA 2017、NVMSA 2017、ISVLSI 2012 最佳论文奖，以及 HEART 2012 最佳海报奖和 9 项最佳论文提名。他是 2018 年 DAC 40 岁以下创新者奖的获得者。他曾担任 ICFPT 2019、ISVLSI 2018、ICFPT 2011 的 TPC 主席和 ISLPED 2012~2016 的财务主席，并担任 EDA/FPGA 领域主要会议的程序委员会成员。目前，他担任 *IEEE Transasctions on CAS for Video Technology*、*IEEE Transactions on CAD* 和 *ACM TECS* 的副主编。他是 IEEE/ACM 高级会员。他是 Deephi Tech（2018 年被 Xilinx 收购）的联合创始人，该公司是领先的深度学习计算平台提供商。

概　　览

近十年来，机器人技术的发展取得了长足进步，从算法、机制到硬件平台，无不如此。各种机器人系统，如机械手、腿部机器人、无人驾驶飞行器和自动驾驶汽车，已被设计用于搜索和救援 [1-2]、探索 [3-4]、包裹递送 [5]、娱乐 [6-7] 以及更多应用和场景。这些机器人正在充分展示其潜力。以无人机这种空中机器人为例，根据美国联邦航空管理局（FAA）的报告 [8]，从 2015 年到 2019 年，无人机的数量增长至原来的 2.83 倍。2019 年注册数量达到 132 万架，FAA 预计到 2024 年这一数字将增长到 15.9 亿架。

然而，机器人系统非常复杂 [9-12]。它们紧密集成了许多技术和算法，包括传感、感知、测绘、定位、决策、控制（sensing, perception, mapping, localization, decision making, control）等。这种复杂性给机器人边缘计算系统的设计带来了许多挑战 [13-14]。一方面，机器人系统需要实时处理大量数据。输入的数据通常来自多个传感器，具有高度异构性，需要精确的时空同步和预处理 [15]。然而，机器人系统的机载资源（如内存存储、带宽和计算能力）通常有限，很难满足实时性要求。另一方面，目前最先进的机器人系统通常都有严格的边缘功耗限制，无法支持执行任务（如三维传感、定位、导航和路径规划）所需的计算量。因此，机器人系统的计算和存储复杂性以及实时性和功耗限制，阻碍了其在延迟关键型或功耗受限型场景中的广泛应用 [16]。

因此，为机器人系统选择合适的计算平台至关重要。CPU 和 GPU 是两种广泛使用的商用计算平台。CPU 可快速处理各种任务，通常用于开发新型算法。典型的 CPU 可以达到 10 ～ 100GFLOPS，能效低于 1GOP/J[17]。相比之下，GPU 有数千个处理器核心同时运行，可实现大规模并行。典型的 GPU 性能可达 10TOPS，是高性能应用场景的理想选择。最近，部分得益于 CUDA/OpenCL 提供的更好的可访问性，GPU 已在许多机器人应用中得到广泛应用。然而，传统 CPU 和 GPU 通常需要消耗 10 ～ 100W 的功率，这比资源有限的机器人系统的可用功率高出几个数量级。

除 CPU 和 GPU 外，FPGA 也备受关注，并成为实现高能效机器人任务处理的候选计算基板。FPGA 要求低功耗，通常内置在内存较少的小型系统中。它们能够处理大规模并行计算，并利用感知（如立体匹配）、定位（如 SLAM）和规划（如图搜索）核心的特性，去除附加逻辑并简化实现。考虑到硬件特性，研究人员和工程师提出了几种算法，这些算法可以以硬件友好的方式运行，并实现类似的软件性能。因此，与 CPU 和 GPU 相比，FPGA 既能满足实时要求，又能实现高能效。

与 ASIC 不同的是，FPGA 具有现场编程和重新编程的灵活性，不需要对修改后的设计进行重新制造。部分重配置（Partial Reconfiguration，PR）将这种灵活性向前推进了一步，允许通过加载部分配置文件来修改运行中的 FPGA 设计。通过使用 PR，可以在运行时重新配置 FPGA 的一部分，而不会影响在未重新配置的器件上运行的应用程序的完整性。因此，PR 允许不同的机器人应用分时使用 FPGA 的一部分，从而提高能效和性能，使 FPGA 成为适合动态和复杂机器人工作负载的计算平台。

请注意，机器人技术不是一种技术，而是多种技术的集成。如图 1.1 所示，机器人系统的技术栈由三大部分组成：应用工作负载，包括传感、感知、定位、运动规划和控制；软件边缘子系统，包括操作系统和运行时层；计算硬件，包括微控制器和配套计算机 [16,18-19]。

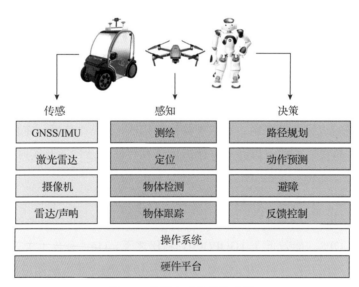

图 1.1　机器人系统的技术栈

本章将重点讨论机器人应用工作负载。应用子系统包含多种算法，机器人利用这些算法从原始传感器数据中提取有意义的信息，从而了解环境并动态地做出行动决策。

1.1　传感

　　传感阶段负责从传感器原始数据中提取有意义的信息。为了实现智能操作并提高可靠性，机器人平台通常支持多种传感器。传感器的数量和类型在很大程度上取决于工作负载的规格和机载计算平台的能力。传感器可包括以下内容。

　　摄像机。摄像机通常用于物体识别和物体跟踪，如自动驾驶汽车的车道检测和无人机的障碍物检测等。RGB-D 摄像机还可用于确定物体的距离和位置。以自动驾驶汽车为例，目前的系统通常会在车辆周围安装 8 个或更多 1080p 摄像机，以检测、识别和跟踪不同方向的物体，从而大大提高安全性。通常情况下，这些摄像机的运行频率为 60Hz，每秒可处理数千兆字节的原始数据。

　　全球导航卫星系统 / 惯性测量单元（GNSS/IMU）。CNSS 和 IMU 系统通过高速报告惯性更新和全球位置估计值来帮助机器人定位。不同的机器人对定位传感有不同的要求。例如，对于低速移动机器人来说，10Hz 的定位频率可能就足够了，高速自动驾驶汽车通常要求 30Hz 或更高的定位频率，而高速无人机可能需要 100Hz 或更高的定位频率，因此，我们面临的传感速度范围很广。幸运的是，不同的传感器各有优缺点。GNSS 可以实现相当精确的定位，但其运行频率只有 10Hz，因此无法提供实时更新。相比之下，IMU 中的加速度计和陀螺仪都能以 100 ～ 200Hz 的频率运行，可以满足实时性要求。但是，IMU 会随着时间的推移而出现偏差漂移，或受到一些热机械噪声的干扰，这可能会导致位置估计的精度下降。通过结合 GNSS 和 IMU，我们可以为机器人提供准确的实时定位更新。

　　激光雷达（LiDAR）。LiDAR 通过激光照射障碍物并测量反射时间来评估距离。这些脉冲和其他记录数据可生成有关周围特征的精确三维信息。激光雷达在定位、障碍物探测和规避方面发挥着重要作用。正如文献 [20] 所述，传感器的选择决定了算法和硬件的设计。以自动驾驶为例，几乎所有的自动驾驶汽车公司都将激光雷达作为其技术的核心。例如 Uber、Waymo 和百度。PerceptIn 和特斯拉是极少数不使用激光雷达，而是依赖摄像机和视觉系统的公司。特别是，PerceptIn 的数据表明，在低速自动驾驶场景中，激光雷达的处理速度比基于摄像机的视觉处理慢，但却增加了功耗和成本。

　　雷达和声呐。雷达和声呐系统用于确定与某一物体的距离和速度，通常是避开障碍物的最后一道防线。以自动驾驶汽车为例，当检测到附近有障碍物时，可能会发生碰撞，这时车辆通过刹车或转弯来避开障碍物。与激光雷达相比，雷达和声呐系统的成本更低、体积更小，而且它们的原始数据通常不经过主计算流水线而直接输入控制处理器，可用于实现一些紧急功能，如转向或刹车。

我们发现，商用 CPU、GPU 或移动 SoC 存在的一个关键问题是缺乏内置的多传感器处理支持，因此大多数多传感器处理都必须在软件中完成，这可能会导致时间同步等问题。另一方面，FPGA 提供了丰富的传感器接口，可以在硬件中完成大多数时间关键型传感器处理任务 [21]。在第 2 章中，我们将介绍 FPGA 技术，特别是 FPGA 如何提供丰富的 I/O 块，这些块可为异构传感器处理进行配置。

1.2 感知

传感器数据被输入感知层，以感知静态和动态物体，并利用计算机视觉技术（包括深度学习）建立可靠而详细的机器人环境表示。

感知层负责物体检测、分割和跟踪。要检测的对象包括障碍物、车道分隔线和其他物体。传统上，检测流水线从图像预处理开始，然后是感兴趣区域检测器，最后是输出检测到的物体的分类器。2005 年，Dalal 和 Triggs[22] 提出了一种基于方位直方图（HOG）和支持向量机（SVM）的算法，可在各种条件下对物体的外观和形状进行建模。分割的目的是让机器人有条理地了解周围环境。语义分割通常被表述为图标记问题，图的顶点是像素或超像素。使用条件随机场（CRF）[23-24] 等图形模型推理算法。跟踪的目标是估计移动障碍物的轨迹。通过递归运行预测步骤和修正步骤，可将跟踪问题表述为顺序贝叶斯滤波问题。跟踪问题也可通过使用马尔可夫决策过程（MDP）[25] 进行逐个检测跟踪处理来表述，即对连续帧应用物体检测器，并在各帧之间将检测到的物体联系起来。

近年来，深度神经网络（DNN）（又称深度学习）极大地影响了计算机视觉领域，并在解决机器人感知问题方面取得了重大进展。目前，大多数先进算法都采用一种基于卷积运算的神经网络。FastR-CNN[26]、FasterR-CNN[27]、SSD[28]、YOLO[29] 和 YOLO9000[30] 被用来在物体检测中获得更好的速度和精度。基于 CNN 的语义分割工作大多基于全卷积网络（FCN）[31]，最近也有一些关于空间金字塔池网络 [32] 和金字塔场景解析网络（PSPNet）[33] 的工作，将全局图像级信息与局部提取的特征相结合。通过使用辅助自然图像，可以离线训练一个堆叠自动编码器模型来学习通用图像特征，然后应用于在线物体追踪 [34]。

在第 3 章中，我们回顾了先进的神经网络加速器设计，并证明通过软硬件协同设计，FPGA 的速度和能效比最先进的 GPU 高 10 倍以上。这证明了 FPGA 是神经网络加速的一个很有前景的选择。在第 4 章中，我们回顾了机器人感知中的各种立体视觉算法及其 FPGA 加速器设计。我们证明，通过精心的算法 – 硬件协同设计，FPGA 的能效和性能可以比最先进的 GPU 和 CPU 高出两个数量级。

1.3 定位

定位层负责汇总来自不同传感器的数据，以确定机器人在环境模型中的位置。

GNSS/IMU 系统被用于定位。GNSS 由多个卫星系统组成，例如 GPS、伽利略和北斗等，它们可提供精确的定位结果，但更新速度较慢。相比之下，IMU 可以提供快速更新，但旋转和加速度结果的准确性较低。卡尔曼滤波器等数学滤波器可用于结合两者的优势，最大限度地减少定位误差和延迟。然而，这种单一的系统也存在一些问题，例如信号可能会被障碍物反射、引入更多噪声，以及无法在封闭环境中工作。

激光雷达和高清地图可用于定位。激光雷达可以生成点云，并提供环境的形状描述，但很难区分单个点。与数字地图相比，高清地图具有更高的分辨率，能帮助机器人熟悉路线，关键在于融合不同的传感器信息，尽量减少每个网格单元的误差。高清地图绘制完成后，就可以利用粒子滤波法与激光雷达的测量数据对机器人进行实时定位。然而，激光雷达的性能可能会受到天气条件（如雨、雪）的严重影响，从而带来定位误差。

摄像机也可用于定位。基于视觉的定位流程简化如下：

1.通过对立体图像对进行三角测量，获得视差图（disparity map），并利用视差图推导出每个点的深度信息。

2.通过匹配连续立体图像帧之间的突出特征，建立不同帧中特征点之间的相关性，从而估算出过去两帧之间的运动情况。

3.通过将突出特征与已知地图中的特征进行比较，推导出机器人的当前位置[35]。

除了这些技术之外，传感器融合策略也经常被用来结合多个传感器进行定位，从而提高机器人的可靠性和鲁棒性[36-37]。

在第 5 章中，我们介绍了一种通用定位框架，它集成了现有算法中的关键原语，并在 FPGA 中实现。基于 FPGA 的定位框架保留了单个算法的高精度，简化了软件栈，并提供了理想的加速目标。

1.4 规划和控制

规划和控制层负责生成轨迹计划，并根据机器人的原点和目的地传递控制指令。广义上讲，这里还包括预测和路由模块，它们的输出作为输入，反馈到下游的规划和控制层。预测模块负责预测感知层识别出的周围物体的未来行为。路由模块可以是基于高清地图车道分割的车道级路由，供自动驾驶车辆使用。

规划和控制层通常包括行为决策、运动规划和反馈控制。行为决策模块的任务是利用各种输入数据源做出有效、安全的决策。贝叶斯模型越来越流行，并在最近的研究中得到了应用[38-39]。在贝叶斯模型中，马尔可夫决策过程（MDP）和部分可观测马尔可夫决策过程（POMDP）是广泛应用于机器人行为建模的方法。运动规划的任务是生成轨迹并将其发送给反馈控制执行。规划轨迹通常被指定并表示为一系列规划轨迹点，其中每个点都包含位置、时间、速度等属性。低维运动规划问题可通过基于网格的算法（如Dijkstra[40]或A*[41]）或几何算法来解决。高维运动规划问题可采用基于采样的算法来处理，如快速探索随机树（RRT）[42]和概率路线图（PRM）[43]，这些算法可避免局部最小值问题。基于奖励的算法（如马尔可夫决策过程）也可以通过最大化累积未来奖励来生成最优路径。反馈控制的目标是通过连续反馈跟踪实际姿态与预定轨迹上姿态之间的差异。机器人反馈控制中最典型、应用最广泛的算法是PID。

虽然基于优化的方法在解决运动规划和控制问题方面具有主流吸引力，但随着人工智能的发展，基于学习的方法[44-48]正变得越来越流行。基于学习的方法（如强化学习）可以自然而然地充分利用历史数据，并通过行动与环境迭代互动，应对复杂的场景。一些方法通过强化学习对行为级决策进行建模[46-48]，而另一些方法则直接处理，运动规划轨迹输出，甚至直接反馈控制信号[45]。Q-learning[49]、Actor-Critic learning[50]和policy gradient[43]是强化学习中的一些流行算法。

在第6章中，我们介绍了机器人系统的运动规划模块，并比较了运动规划中的几种FPGA和ASIC加速器设计，分析了内在的设计权衡。我们证明，通过精心的算法–硬件协同设计，FPGA可以以更低的功耗实现比CPU高三个数量级、比GPU高两个数量级的性能。这表明，FPGA是加速运动规划核心的理想选择。

1.5 机器人应用中的FPGA

除了加速机器人计算栈中的基本模块，FPGA还被用于不同的机器人应用中。在第7章中，我们将探讨如何在多机器人探索任务中使用FPGA。具体来说，我们介绍了基于FPGA的可中断CNN加速器和多机器人探索的部署框架。

在第8章中，我们回顾了PerceptIn为自动驾驶汽车开发车载计算系统所做的努力，特别是如何利用FPGA加速完整自动驾驶栈中的关键任务。例如，定位由FPGA加速，而深度估计和物体检测则由GPU加速。本案例研究表明，FPGA能够在自动驾驶中发挥关键作用，在考虑不同情况下产生的限制的同时，利用加速器级并行性可以显著改善车载处理。

在第 9 章中，我们将探讨在过去二十年中 FPGA 在太空机器人上的应用。FPGA 的特性使其成为执行太空任务的理想机载处理器，具有高可靠性、高适应性、高处理能力和高能效。在为太空探索机器人提供动力方面，FPGA 可能会帮助我们缩小商用处理器与太空级 ASIC 之间长达二十年的性能差距。

1.6　深度处理流水线

与其他计算工作负载不同，自主机器的处理流水线非常深，不同阶段之间有很强的依赖性，每个阶段都有严格的时间限制 [51]。例如，图 1.2 展示了自动驾驶汽车的处理流程。从左侧开始，系统接收来自毫米波雷达、激光雷达、摄像机和 GNSS/IMU 的原始传感数据，每个传感器以不同的频率产生原始数据。摄像机以每秒 30 帧的速度捕捉图像，并将原始数据输入二维感知模块；激光雷达以每秒 10 帧的速度捕捉点云，并将原始数据输入三维感知模块和定位模块；GNSS/IMU 以每秒 100 帧的速度生成位置更新，并将原始数据输入定位模块；毫米波雷达以每秒 10 帧的速度探测障碍物，并将原始数据输入感知融合模块。

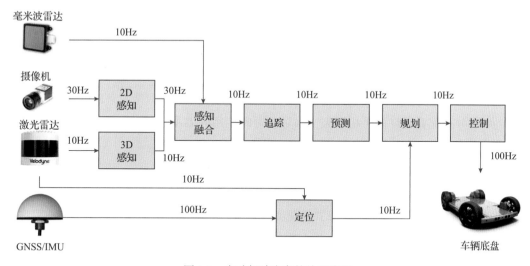

图 1.2　自动驾驶汽车的处理流程

然后，将 2D 和 3D 感知模块的结果分别以 30Hz 和 10Hz 的频率输入感知融合模块，创建所有检测到的物体的综合感知列表。将感知列表以 10Hz 的频率输入跟踪模块，创建所有检测到的物体的跟踪列表。将跟踪列表以 10Hz 的频率输入预测模块，创建所有物体的预测列表。将预测结果和定位结果以 10Hz 的频率输入规划模块，生成导航规划。将导航规划以 10Hz 的频率输入控制模块，生成控制指令，最后以 100Hz 的频率发送给自动驾驶汽车执行。

因此，每隔 10ms，自动驾驶汽车需要生成一条控制指令来操纵车辆。如果任何上游模块（如感知模块）错过了生成输出的最后期限，控制模块仍需在最后期限前生成命令。这可能会导致灾难性的结果，因为自动驾驶汽车基本上是在没有感知输出的情况下盲目行驶。

关键的挑战在于设计一个系统，在能源和成本的限制下，最大限度地减少深度处理流水线的端到端延迟，并将延迟变化降至最低。在本书中，我们展示了在这个长处理流水线的不同模块中可以使用 FPGA，以最大限度地减少延迟、降低延迟变化并实现能效。

1.7 小结

FPGA 是机器人应用中不可或缺的计算基板，原因有以下几个。

- 机器人算法仍在快速发展。因此，任何基于 ASIC 的加速器都会比最先进的算法落后几个月甚至几年，而 FPGA 可以根据需要进行动态更新。
- 机器人的工作负载高度多样化。因此，任何基于 ASIC 的机器人计算加速器都很难在短期内达到规模经济效益；而在某种加速器达到规模经济效益之前，FPGA 是一种具有成本效益和能效的替代方案。
- 与已实现规模经济的 SoC（例如移动 SoC）相比，FPGA 具有显著的性能优势。
- 部分重配置允许多个机器人工作负载分时使用 FPGA，从而使一个芯片可服务于多个应用，降低总体成本和能耗。

具体来说，FPGA 只需很少的电能，而且通常内置在内存较小的小型系统中。FPGA 能够进行大规模并行计算，并利用感知（如立体匹配）、定位（如 SLAM）和规划（如图搜索）内核的性质，去除附加逻辑并简化实现。考虑到硬件特性，我们提出了几种算法，它们可以以硬件友好的方式运行，并实现类似的软件性能。因此，与 CPU 和 GPU 相比，FPGA 既能满足实时要求，又能实现高能效。与 ASIC 不同，FPGA 具有现场编程和重新编程的灵活性，不需要对修改后的设计进行重新制造。PR 将这种灵活性向前推进了一步，允许通过加载部分配置文件来修改正在运行的 FPGA 设计。使用 PR，可以在运行时重新配置 FPGA 的一部分，而不会影响在未重新配置的器件上运行的应用程序的完整性。因此，PR 支持不同的机器人应用分时共享 FPGA 的一部分，从而提高能效和性能，使 FPGA 成为适合动态和复杂机器人工作负载的计算平台。

　　与其他计算基板相比，FPGA 更具优势，已成功应用于商用自动驾驶汽车。特别是在过去的四年中，PerceptIn 公司已经制造出微型自动驾驶汽车并实现了商业化，PerceptIn 公司的产品已在中国、美国、日本和瑞士部署。在本书中，我们提供了一个真实案例研究，介绍 PerceptIn 如何充分基于 FPGA 开发其计算系统。FPGA 不仅能执行异构传感器同步，还能对关键路径上的软件组件进行加速。此外，FPGA 在太空机器人应用中也得到了大量使用，因为 FPGA 提供了前所未有的灵活性，大大缩短了设计周期，降低了开发成本。

FPGA 技术

在深入探讨如何利用 FPGA 加速机器人工作负载之前，本章首先介绍 FPGA 技术的背景，以便没有相关知识的读者能够掌握 FPGA 的基本概念和工作原理。我们还会介绍部分重配置技术，这是一种利用 FPGA 灵活性的技术，对于各种机器人工作负载来说非常有用，它可以在时间上共享 FPGA，从而最大限度地减少能耗和资源利用。此外，我们还将探讨现有的技术，使得机器人操作系统（ROS）（对于机器人计算至关重要的基础设施）能够直接在 FPGA 上运行。

2.1 FPGA 技术简介

在 20 世纪 80 年代，随着电子技术的不断集成，FPGA 作为一种新兴技术应运而生。在使用 FPGA 之前，胶合逻辑设计基于的是单独的带固定组件的板卡，它们通过共享标准总线相互连接。这种设计有各种缺点，比如阻碍高体量数据处理，更容易受辐射引起的错误影响，而且缺乏灵活性。

从细节上说，FPGA 是一种半导体器件，其核心是由可配置逻辑块（CLB）组成的矩阵，通过可编程互连网络连接起来。FPGA 在制造后可以重新编程以满足特定的应用或功能需求。这一特性区别于专用集成电路（Application-Specific Integrated Circuit，ASIC），后者是为特定设计任务而定制的。

值得注意的是，ASIC 和 FPGA 具有不同的特点，在选择之前必须仔细评估。过去，FPGA 通常被用于低速 / 低复杂性 / 低体量设计，但如今的 FPGA 轻松突破了 500MHz 的性能壁垒。随着逻辑密度的前所未有的增加，以及嵌入式处理器、DSP 块、时钟和高速串行模块等硬件价格的不断降低，FPGA 几乎成为任何类型设计的令人信服的选择。

现代 FPGA 具有大规模的可重构逻辑和存储器，这使得工程师能够构建具有出色功耗和性能效率的专用硬件。特别是，FPGA 正在吸引机器人社区的关注，并成为机器人计算的高能效平台。与 ASIC 不同的是，FPGA 技术提供了现场编程和重新编程的灵活性，不需要对修改后的设计进行重新制造，这得益于其底层的可重构结构。

2.1.1　FPGA 的类型

FPGA 可以根据其可编程互连开关的类型进行分类：反熔丝、基于 SRAM 和基于 Flash。每种技术都有其优缺点。

- **反熔丝 FPGA** 是非易失性的，并且由于路由而具有最小延迟，因此具有更快的速度和更低的功耗。缺点在于，它们的制造过程相对复杂，并且只能进行一次编程。

- **基于 SRAM 的 FPGA** 可以进行现场重编程，并使用标准制造过程，代工厂在优化上付出很多努力，因此性能增长速度更快。然而，基于 SRAM 的 FPGA 是易失性的，如果发生电源故障，可能不会保持配置。此外，它们具有更大的路由延迟，需要更多功耗，并且更容易受到位错误的影响。值得注意的是，基于 SRAM 的 FPGA 是太空应用中最受欢迎的计算基板。

- **基于 Flash 的 FPGA** 是非易失性的和可重编程的，也具有低功耗和路由延迟。其主要缺点在于，不建议在基于 Flash 的 FPGA 上进行运行时重配置，因为如果在重配置过程中发生辐射效应，可能会导致破坏性后果 [52]。此外，浮栅上存储电荷的稳定性也是一个问题：这取决于操作温度、可能干扰电荷的电场等因素。因此，基于 Flash 的 FPGA 在太空任务中没有被频繁使用 [53]。

2.1.2　FPGA 的架构

在本小节中，我们介绍 FPGA 架构中的基本组件，希望为对 FPGA 技术了解有限的读者提供基本的背景知识。对于详细和全面的解释，有兴趣的读者可以参考 [54]。

如图 2.1 所示，基本的 FPGA 设计通常包含以下组件。

- **可配置逻辑块（CLB）**是 FPGA 上基本的可重复逻辑资源。通过可编程路由块连接在一起，CLB 可以执行复杂的逻辑功能，实现存储，并在 FPGA 上同步代码。CLB 包含一些较小的组件，包括触发器（FF）、查找表（LUT）和多路选择器（MUX）。触发器是 FPGA 上最小的存储资源。CLB 中的每个触发器是一个二进制寄存器，用于在 FPGA 电路的时钟周期之间保存逻辑状态。查找表存储了每个输入组合的预定义输出列表。查找表提供了一种快速检索逻辑操作输出的方式，因为可能的结果被存储并引用，而不是计算。多路选择器是一种可以在两个或多个输入之间进行选择并返回所选输入的电路。通过组合触发器、查找表和多路选择器，可以实现任何逻辑功能。

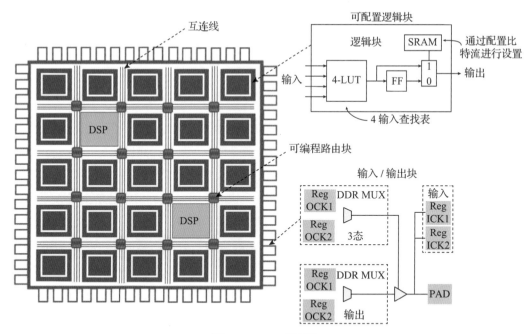

图 2.1 FPGA 的架构

- 可编程路由块（PRB）为一组 CLB 之间的连接提供可编程性。互连网络包含可配置的开关矩阵和连接块，可以编程形成所需的连接。PRB 可以分为连接块（CB）和交叉点的开关矩阵（Switch Matrix，SM）。连接块负责将 CLB 的输入 / 输出引脚与相邻的路由通道连接起来。开关矩阵位于垂直和水平路由通道的交叉点上。将信号从一个 CLB 源路由到另一个 CLB 目标需要经过多个互连线和开关矩阵，在此过程中，从某一侧进入的信号可以根据开关矩阵拓扑连接到其他三个方向之一。

- 输入 / 输出块（IOB）用于将信号连接到芯片上并将其传送回来。一个 IOB 由带有三态和集电极开路输出控制的输入缓冲区和输出缓冲区组成。通常，输出上有上拉电阻，有时还有可以用来终止信号和总线的下拉电阻，而无需芯片外部的离散电阻。输出的极性通常可以编程为主动高电平或主动低电平输出。输出上通常有典型的触发器，以便时钟信号可以直接输出到引脚，而不会遇到显著的延迟，更容易满足外部设备的建立时间要求。由于 FPGA 上有许多可用的 IOB，并且这些 IOB 是可编程的，因此我们可以轻松设计一个计算系统，以连接不同类型的传感器，这在机器人工作负载中非常有用。

- 数字信号处理器（Digital Signal Processor，DSP）经过优化，可以以最强的性能和最少的逻辑资源实现各种常见的数字信号处理功能。除了乘法器外，每个 DSP 块还具有在典型的 DSP 算法中经常需要的功能。这些功能通常包括预累加器、加法器、减法器、累加器、系数寄存器存储和求和单元。凭借这些丰富的功能，Stratix 系列 FPGA 中的 DSP 块非常适合具有高性能和计算密集型信号处理功能的应用，例如有限脉冲响应（FIR）滤波、快速傅里叶变换（FFT）、数字上 / 下变换、高清晰度（HD）视频处理、HD CODEC 等。除了前面提到的传统工作负载，DSP 对于机器人工作负载也非常有用，特别是计算机视觉工作负载，为机器人视觉前端提供高性能和低功耗解决方案 [55]。

2.1.3　FPGA 的商业应用

由于其可编程性，FPGA 非常适合用于许多不同的领域，包括以下几个方面。

- **航空航天和国防**：抗辐射 FPGA 结合图像处理、波形生成和部分重配置等知识产权，尤其适用于太空和国防应用的软件定义无线电。
- **ASIC 原型设计**：利用 FPGA 进行 ASIC 原型设计可以快速准确地建模 SoC 系统，并验证嵌入式软件。
- **汽车**：FPGA 可用于汽车芯片和 IP 解决方案，包括网关和驾驶辅助系统，提升舒适性和便利性。
- **消费者电子产品**：FPGA 可提供经济且高效的解决方案，支持下一代全功能消费者应用，例如融合手机、平板显示器、信息家电、家庭网络和住宅机顶盒。
- **数据中心**：FPGA 广泛用于高带宽、低延迟的服务器、网络和存储应用，为云部署带来更高的价值。
- **高性能计算和数据存储**：FPGA 广泛用于网络附加存储（Network Attached Storage，NAS）、存储区域网络（Storage Area Network，SAN）、服务器和存储设备。
- **工业**：FPGA 在工业、科学和医疗（ISM）的定向设计平台中得到应用，实现更高的灵活性、更早的上市时间以及更低的总体非重复性工程成本（NRE），用于工业成像和监控、工业自动化和医学成像设备等。
- **医疗**：在诊断、监控和治疗应用中，FPGA 用于满足各种处理、显示和 I/O 接口需求。
- **安全**：FPGA 提供了满足安全应用不断发展的需求的解决方案，从访问控制到监控和安全系统均有涉及。

- 视频和图像处理：FPGA 在定向设计平台中得到应用，实现更高的灵活性、更早的上市时间以及更低的总体非重复性工程成本，用于各种视频和图像应用。
- 有线通信：FPGA 用于开发可重配置的网络线路卡包处理、帧处理 /MAC、串行背板等端到端解决方案。
- 无线通信：FPGA 用于开发无线设备的射频、基带、连接、传输和网络解决方案，支持 WCDMA、HSDPA、WiMAX 等标准。

在本书的其余部分中，我们将探索机器人计算，这是一种新兴且有潜力的 FPGA "杀手级"应用。借助 FPGA，我们可以为各种机器人工作负载开发低功耗、高性能、经济、高效和灵活的计算系统。由于 FPGA 提供的优势，我们预计在不久的将来，机器人应用将成为 FPGA 的主要需求驱动因素。

2.2 部分重配置

与 ASIC 相对应的是，FPGA 提供了现场编程和重新编程的灵活性，不需要对修改后的设计进行重新制造。部分重配置（PR）进一步扩展了这种灵活性，允许通过加载 PR 文件来修改运行中的 FPGA 设计。利用 PR，可以在运行时重新配置 FPGA 的一部分，而不会影响那些未被重新配置的设备上正在运行的应用程序的完整性。因此，PR 支持不同的机器人应用程序共享 FPGA 的一部分，从而实现能源和性能效率，并使 FPGA 成为适用于动态和复杂机器人工作负载的计算平台。

2.2.1 什么是部分重配置

使用可重配置设备（如 FPGA）的显著好处在于，设备的功能可以在将来的某个时刻进行更改和更新。随着额外的功能或设计改进的添加，FPGA 可以被重新编程以加载新的逻辑。部分重配置则进一步扩展了这种能力，允许设计者在 FPGA 的一部分内更改逻辑，而不会影响整个系统。这使得设计者可以将系统划分为模块，每个模块由一个逻辑块组成，并且在不影响整个系统和数据流的情况下，用户可以更新一个模块内的功能。

运行时部分重配置（Runtime Partial Reconfiguration，RPR）是许多 FPGA 提供的特殊功能，允许设计者在运行时重新配置 FPGA 的某些部分，而不会影响设计的其他部分。这个特性使得硬件可以适应不断变化的环境。首先，它允许优化硬件实现以加速计算。其次，它允许有效地使用芯片面积，使得不同的硬件模块可以在运行时在芯片内切换进出。最后，通过卸载不活动的硬件模块，它还可以节省漏电功耗和时钟分布功耗。

RPR 对于机器人应用非常有用，因为移动机器人在导航过程中可能会遇到非常不同的环境，并且可能需要针对这些不同的环境使用不同的感知、定位或规划算法。例如，当移动机器人在室内环境中时，可能会使用室内地图进行定位，但当它在室外环境中移动时，可能会选择使用 GPS 和视觉惯性测量进行定位。保留多个用于不同任务的硬件加速器不仅成本高昂，而且能源效率低下。RPR 为解决这个问题提供了完美的解决方案。如图 2.2 所示，FPGA 被分成三个分区，分别用于三个基本功能：感知、定位和规划。然后，对于每个功能，都准备了三种算法，适用于每个环境。这些算法中的每一个都转换为位文件，并在需要时准备好进行 RPR。例如，当机器人导航到新环境并决定需要新的感知算法时，它可以加载目标位文件并将其发送到内部配置访问端口（ICAP）以重新配置感知分区。

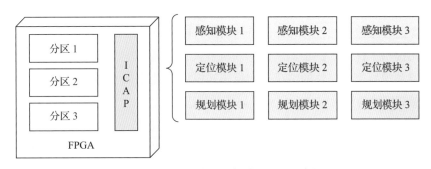

图 2.2　机器人应用的部分重配置示例

　　对于机器人计算来说，部分重配置的一个主要挑战是配置速度，因为大多数机器人任务具有严格的实时约束，为了保持机器人的性能，重新配置过程必须在非常紧的时间界限内完成。此外，重新配置过程会产生性能和功耗开销。通过最大限度地提高配置速度，可以将这些开销最小化。

2.2.2　如何使用部分重配置

　　PR 允许通过加载部分重配置文件或位文件（通过 ICAP[56]）来修改运行中的 FPGA 设计。利用部分重配置，当一个完整的位文件配置了 FPGA 后，也可以下载部分位文件以修改 FPGA 中的可重配置区域，而不会影响那些未被重新配置的设备上正在运行的应用程序的完整性。RPR 允许在 FPGA 的有限预定义部分进行重配置，同时设备的其余部分继续运行。这一特性对于设备在关键任务环境中运行时不可被中断，而某些子系统正在重新定义时尤为有价值。

　　在基于 SRAM 的 FPGA 中，所有用户可编程的功能都由易失性存储单元控制，这些存储单元必须在上电时配置。这些存储单元称为配置存储器，它们定义了查找表（LUT）方程式、信号路由、输入 / 输出块电压标准以及设计的所有其他方面。为了编程配置存储器，需要提供配置控制逻辑的指令和配置存储器的数据，通过 JTAG、SelectMAP、串行或 ICAP 配置接口，以位流的形式传送到设备。可以使用部分位流对 FPGA 进行部分重配置。设计者可以使用这样的部分位流，在 FPGA 的一部分内更改结构，同时设备的其余部分继续运行。

对于多个函数可以共享同一 FPGA 设备资源的系统，RPR 非常有用。在这样的系统中，FPGA 的一部分继续运行，而其他部分被禁用和重新配置以提供新的功能。这类似于微处理器在软件进程之间进行上下文切换的情况。然而，在 FPGA 的 PR 中，切换的是硬件而不是软件。

与需要进行完整重配置时无法保持连续运行的多个完整位流相比，RPR 为需要连续运行的应用提供了优势。一个例子是移动机器人在从黑暗环境移动到明亮环境时，可以在保持定位和规划模块完整的情况下切换感知模块。通过 RPR，系统可以在 FPGA 内部动态更改感知模块的同时保持定位和规划模块的运行。

自 20 世纪 90 年代末以来，Xilinx 在其高端 FPGA 系列 Virtex 中提供了 PR 功能，但以有限的 BETA 形式提供。最近，自从 ISE 12 版本发布以来，PR 功能已成为 Xilinx 工具链支持的生产功能，并在其各类 FPGA 设备上得到支持。随着 ISE 13 版本的发布，对这一功能的支持持续改进。Altera（现在的英特尔 FPGA 部门）承诺将在其新的高端设备上提供此功能，但目前还未实现。对于通用可重构系统，FPGA 的 PR 设计概念非常引人注目，因为它具有灵活性和可扩展性。

使用 Xilinx 的工具链，设计者可以通过常规的综合流程生成单个位流以编程 FPGA。这将设备视为单一的原子实体。与常规综合流程相反，PR 流程将 FPGA 物理地划分为不同的区域。其中一块区域称为"静态区域"，在启动时被编程且不会改变。另一块区域称为" PR 区域"，在运行时将会被动态重新配置，可以多次重配置，并且可以采用不同的设计。可以有多个 PR 区域，但在这里我们只考虑最简单的情况。PR 流程生成至少两个位流，一个用于静态区域，另一个用于 PR 区域。很可能会有多个 PR 位流，用于动态加载不同的设计。

如图 2.3 所示，使用 PR 设计流程实现系统的第一步与常规设计相同，即从 HDL 源代码生成网表，然后进行实现和布局过程。需要注意的是，该过程需要为静态（顶层）设计和 PR 分区生成单独的网表。对于设计中使用的每个 PR 分区的每个实现，都必须生成一个网表。如果系统设计有多个 PR 分区，则需要为每个 PR 分区的每个实现生成网表，即使多个位置的逻辑相同。然后，在完成网表后，我们需要为每个设计工作进行布局，以确保网表适合专用分区，并且在每个分区中有足够的资源可用于设计。完成实现后，我们可以为每个分区生成位文件。在运行时，我们可以动态地将不同的设计切换到分区，使机器人能够适应不断变化的环境。有关如何在 FPGA 上使用 PR 的更多详细信息，请参考 [57]。

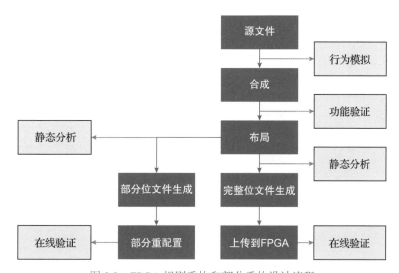

图 2.3　FPGA 规则重构和部分重构设计流程

2.2.3　实现高性能

部分重配置的一个主要性能瓶颈是配置开销，这决定了部分重配置的实用性。如果部分重配置足够快，我们可以利用这一功能使移动机器人在运行时交换硬件组件。如果部分重配置速度不够快，我们只能将其用于离线硬件更新。

为了解决这个问题，在 [58] 中，作者提出了两种技术的组合来最小化开销。首先，作者设计并实现了完全流式的 DMA 引擎，以达到最大的配置吞吐量。其次，作者利用一种简单形式的数据冗余来压缩配置位流，并实现了智能的内部配置访问端口（ICAP）控制器以在运行时进行解压缩。该设计实现了高达 1.2GB/s 的有效配置数据传输吞吐量，远远超过了数据传输吞吐量的理论上限 400MB/s。具体而言，所提出的完全流式 DMA 引擎将配置时间从几秒钟缩短到几毫秒，提高了 1000 多倍。此外，所提出的压缩方案使位流大小减少了高达 75%，并且导致解压缩电路的硬件开销几乎可以忽略不计。

图 2.4 给出了快速部分重配置引擎的架构，其中包括：

- 直接内存访问（DMA）引擎，用于在外部 SRAM（存储配置文件的地方）和 ICAP 之间建立直接传输连接。
- 使用 FIFO 队列实现的流式引擎，用于在消费者和生产者之间缓冲数据，以消除每次数据传输中生产者和消费者之间的握手。
- 打开 ICAP 的突发模式，因此它可以一次获取四个字，而不是逐字获取。

在下文中，我们将详细解释这个设计。

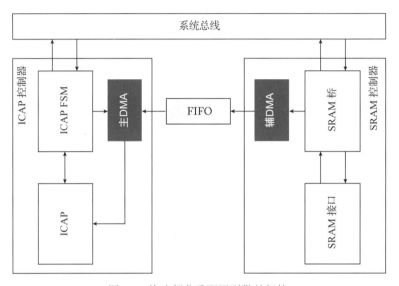

图 2.4　快速部分重配置引擎的架构

开箱即用的部分重配置引擎设计的问题

在没有快速部分重配置引擎的情况下，在开箱即用的设计中，ICAP 控制器只包含 ICAP 和 ICAP FSM，而 SRAM 控制器只包含 SRAM 桥和 SRAM 接口。因此，SRAM 和 ICAP 之间没有直接内存访问，所有配置数据传输都在软件中完成。这样，流水线发出一个读取指令从 SRAM 获取一个配置字，然后发出一个写入指令将该字发送到 ICAP；指令也从 SRAM 获取，此过程重复直至传输过程完成。这种方案非常低效，因为一个字的传输需要数十个周期，而该设计的 ICAP 传输吞吐量仅为 318KB/s——在产品规格中，理想的 ICAP 吞吐量是 400MB/s。因此，这个开箱即用的设计的吞吐量比理想设计差 1000 倍。

配置时间是位流文件大小的纯函数吗

理论上，ICAP 的吞吐量可以达到 400MB/s，但只有在配置时间是位流文件大小的纯函数时才能实现这一点。为了找出是否可以实现这种理论吞吐量，[58] 的作者进行了一系列实验，对 FPGA 芯片的不同区域进行配置，反复向 ICAP 写入 NOP，并通过反复配置一个区域来对配置电路进行压力测试。在所有这些测试中，我们发现 ICAP 始终以全速运行，每个周期能够消耗四个字节的配置数据，而不考虑配置数据的语义。这证实了配置时间是位流文件大小的纯函数。

添加主辅 DMA 引擎

为了提高部分重配置的吞吐量，首先我们可以简单地实现一对主辅 DMA 引擎。主 DMA 引擎位于 ICAP 控制器中，与 ICAP FSM、ICAP 以及辅 DMA 引擎相连接。辅 DMA 引擎位于 SRAM 控制器中，并与 SRAM 桥和主 DMA 引擎相连接。当 DMA 操作开始时，主 DMA 引擎接收起始地址以及 DMA 操作的大小。然后，它开始向辅 DMA 引擎发送控制信号（读取使能、地址等），辅 DMA 引擎将这些信号转发给 SRAM 桥。数据被获取后，辅 DMA 引擎将数据发送回主 DMA 引擎。然后，主 DMA 引擎减小大小计数器，增加地址，并重复该过程以获取下一个字。与开箱即用设计相比，简单地添加 DMA 引擎避免了流水线在数据传输过程中的参与，显著提高了部分重配置的吞吐量，使其达到 50MB/s，提高了约 160 倍。

在 DMA 引擎之间添加 FIFO

为了进一步提高部分重配置的吞吐量，我们可以通过在主辅 DMA 引擎之间添加 FIFO 来修改设计。在这个版本的设计中，当 DMA 操作开始时，主 DMA 引擎将起始地址和 DMA 操作的大小转发给辅 DMA 引擎，然后等待数据在 FIFO 中可用。一旦 FIFO 中有数据可用，主 DMA 引擎读取数据并减小其大小计数器。当计数器为零时，DMA 操作完成。另一方面，接收到 DMA 操作的起始地址和大小后，辅 DMA 引擎开始向 SRAM 桥发送控制信号，一次获取一个字的数据。然后一旦辅 DMA 引擎从 SRAM 桥接收到数据，它将数据写入 FIFO 中，减小其大小计数器，并增加其地址寄存器以获取下一个字。在这个设计中，只有数据在主辅 DMA 引擎之间传输，所有对 SRAM 的控制操作都在辅 DMA 中处理。这大大简化了 ICAP 控制器和 SRAM 控制器之间的握手过程，使 ICAP 的吞吐量达到 100MB/s。

添加突发模式以提供完全流式传输

大多数 FPGA 板上的 SRAM 通常支持突发读模式，这样我们可以一次读取四个字而不是一个字。大多数 DDR 存储器也提供突发读取。SRAM 设备有一个 ADVLD 信号。在读取时，如果设置了该信号，则会加载新的地址到设备中。否则，设备将输出最多四个字（每个周期一个字）的突发数据。因此，如果我们可以在每四个周期设置一次 ADVLD 信号，每次增加四个字（16 字节）的地址，并且保证控制信号和数据获取之间的同步是正确的，那么我们就能够从 SRAM 向 ICAP 流式传输数据。在辅 DMA 引擎中，我们实现了两个独立的状态机。一个状态机以连续的方式向 SRAM 发送控制信号和地址，使得在每四个周期内，地址增加四个字（16 字节）并发送到 SRAM 设备。另一个状态机仅在开始时等待数据准备好，然后在每个周期内从 SRAM 接收一个字，并将该字流式传输到 FIFO，直到 DMA 操作完成。同样，主 DMA 引擎等待 FIFO 中的数据可用，然后在每个周期内从 FIFO 读取一个字，并将该字流式传输到 ICAP，直到 DMA 操作完成。这种完全流式传输的 DMA 设计使得 ICAP 的吞吐量超过 395MB/s，非常接近理想的 400MB/s 吞吐量。

能效

在 [59] 中，作者指出 FPGA 硬件结构的极性可能会显著影响漏电功耗。基于这一观察，[60] 的作者试图找出 FPGA 是否利用了这一性质，使得当加载空白位流文件以清除加速器时，电路处于最小漏电功耗状态。为了实现这一目标，作者在 FPGA 芯片上实现了八个 PR 区域，每个区域占用一个配置框架。这八个 PR 区域不消耗任何动态功耗，因为作者故意关闭了这些区域的时钟。然后作者使用空白位流文件清除这些区域中的每一个，并观察芯片的功耗行为。结果表明，当我们在每四个配置框架上应用空白位流时，芯片的功耗会降低固定的数量。这项研究证实了 PR 确实会导致静态功耗降低，并提示 FPGA 可能已经利用了极性属性来最小化漏电功耗。

此外，[60] 的作者研究了 PR 是否可以作为一种有效的能耗降低技术在可重构计算系统中使用。为了解决这个问题，作者首先确定了在不同系统配置下捕捉能耗降低的必要条件的分析模型。模型显示，增加配置吞吐量是一种通用有效的方法，可以最小化 PR 的能耗开销。因此，作者设计并实现了一个几乎饱和配置吞吐量的完全流式 DMA 引擎。

研究结果提供了三个问题的答案。首先，虽然使用加速器会产生额外的功耗，但这取决于加速器加速程序执行的能力，实际上可以导致能耗降低。[60] 中的实验结果表明，由于其低功耗开销和出色的加速能力，使用加速扩展可以实现程序加速和系统能耗降低。其次，如果能耗降低可以弥补重新配置过程中产生的能量开销，那么使用 PR 来减少芯片能耗是值得的。而在重新配置过程中，最小化能耗开销的关键是最大化配置速度。[60] 中的实验结果证实，启用 PR 是一种高效的能耗降低技术。最后，时钟门控是一种有效减少能耗的技术，因为其几乎没有开销；然而，时钟门控只能减少动态功耗，而 PR 可以同时减少动态和静态功耗。因此，与时钟门控相比，只要静态功率消除带来的额外节能能够弥补重新配置过程中产生的能耗开销，PR 就能带来更大的能耗削减。

尽管传统智能认为 PR 只有在加速器很长时间不使用时才有用，但 [60] 中的实验结果表明，由于快速 PR 引擎提供的高配置吞吐量，即使加速器非活动时间在毫秒级范围内，PR 在能耗降低方面仍可超越时钟门控。总之，根据 [58] 和 [60] 的研究结果，我们可以得出结论：PR 是一种有效的技术，可以提高性能和能耗效率，这也是使 FPGA 成为动态机器人计算工作负载的高度吸引人的关键特性。

2.2.4　实际案例研究

PerceptIn 公司在商业产品中展示了基于 [60] 的设计，证明了 RPR 在机器人计算中的实用性，特别是自动驾驶车辆的计算，因为许多车载任务通常有多个版本，每个版本用于特定的场景 [20]。例如，在 PerceptIn 的设计中，定位算法依赖于显著特征；关键帧中的特征由特征提取算法提取（基于 ORB 特征 [61]，而非关键帧中的特征则从前一帧进行跟踪（使用光流 [62]）；后者的执行速度比前者快 10ms，快 50%。空间共享 FPGA 不仅面积效率低，而且功耗效率低，因为未使用的 FPGA 部分会消耗相当大的静态功耗。为了在时间上共享 FPGA 并在运行时"热交换"不同的算法，PerceptIn 开发了一个部分重配置引擎（PRE），可以动态重新配置 FPGA 的一部分。PRE 实现了 400MB/s 的重配置吞吐量（即位流编程速率）。特征提取和跟踪的位流都小于 4MB。因此，重配置延迟小于 1ms。

2.3　在 FPGA 上运行 ROS

正如前一章所展示的，自动驾驶车辆和机器人需要进行复杂的信息处理，例如 SLAM（Simultaneous Localization and Mapping，同时定位与地图构建）、深度学习和许多其他任务。FPGA 在高能效加速这些应用方面具有很大潜力。然而，由于高开发成本和缺乏同时了解 FPGA 和机器人技术的人才，将 FPGA 用于机器人工作负载存在挑战。解决这个挑战的一种方法是直接支持机器人操作系统（ROS）在 FPGA 上运行，因为 ROS 已经为支持高效的机器人计算提供了基础架构。因此，在本节中，我们探讨了现有的支持 ROS 在 FPGA 上运行的技术。

2.3.1　ROS

ROS 的主要目标是支持机器人研究与开发中的代码重用。从本质上讲，ROS 是一个分布式进程框架，可在运行时对可执行文件进行单独设计和松散耦合。这些进程可以分组为包和堆栈，便于共享和分发。ROS 还支持一个联合的代码库系统，使协作也可以分布式进行。从文件系统层面到社区层面，这种设计都能实现独立的开发和实施决策，但所有决策都能通过 ROS 基础设施工具汇集到一起 [63]。

在深入了解支持 ROS 在 FPGA 上运行之前，我们首先了解 ROS 在机器人应用中的重要性。ROS 是一个开源的元操作系统，用于自主机器和机器人。它提供了必要的操作系统服务，包括硬件抽象、低级设备控制、常用功能的实现、进程间的消息传递以及软件包管理。ROS 还提供了用于在多台计算机上获取、构建、编写和运行代码的工具和库。ROS 的主要目标是支持机器人研究和开发中的代码重用。

ROS 框架的核心目标包括以下内容：

- **轻量化**：ROS 被设计得尽可能轻量，使得为 ROS 编写的代码可以在其他机器人软件框架中使用。

- **与 ROS 无关的库**：首选的开发模型是编写与 ROS 无关的库，具有清晰的功能接口。

- **语言独立**：ROS 框架易于在任何现代编程语言中实现。ROS 开发团队已经用 Python、C++ 和 Lisp 实现了它，并且还在 Java 和 Lua 中开发了实验性的库。

- **简便的测试**：ROS 内置了一个单元 / 集成测试框架，称为 rostest，使得创建和销毁测试夹具变得简单。

- **可扩展性**：ROS 适用于大型运行时系统和大型开发过程。

计算图是 ROS 进程的点对点网络，这些进程一起处理数据。ROS 的基本计算图概念包括节点（node）、主节点（master）、参数服务器（parameter server）、消息（message）、服务（service）、话题（topic）和袋（bag），它们以不同的方式向计算图提供数据。

- **节点**：节点是执行计算的进程。ROS 被设计为在细粒度上具有模块化的特性，一个机器人控制系统通常由许多节点组成。以自动驾驶车辆为例，一个节点控制激光测距仪，一个节点控制轮子马达，一个节点执行定位，一个节点执行路径规划，一个节点提供系统的图形视图等。ROS 节点是使用 ROS 客户端库（例如 roscpp 或 rospy）编写的。

- **主节点**：ROS 主节点为计算图中的其他部分提供名称注册和查找。没有主节点，节点将无法找到彼此、交换消息或调用服务。

- **参数服务器**：参数服务器允许数据按键存储在中央位置。它目前是主节点的一部分。

- **消息**：节点通过传递消息与彼此通信。消息是一种简单的数据结构，包含类型化字段，支持标准基本类型（整数、浮点数、布尔等），以及基本类型的数组。消息可以包含任意嵌套结构和数组（类似于 C 结构）。

- 话题：消息通过具有发布–订阅语义的传输系统进行路由。节点通过将消息发布到指定的话题来发送消息。话题是一个名称，用于标识消息的内容。对某种数据感兴趣的节点将订阅适当的话题。一个话题可能有多个并发的发布者和订阅者，一个节点可能发布和订阅多个话题。一般来说，发布者和订阅者不知道彼此的存在。这样做的目的是将信息的生成与使用解耦。在逻辑上，可以将话题看作一个强类型的消息总线。每个总线都有一个名称，任何人都可以连接到总线以发送或接收消息，只要它们是正确的类型。
- 服务：发布–订阅模型是一种非常灵活的通信范例，但它的多对多、单向传输不适用于请求–响应交互——在分布式系统中通常需要这种交互。请求–响应通过服务实现，服务由一对消息结构定义：一个用于请求，一个用于响应。提供方节点在一个名称下提供服务，客户端通过发送请求消息并等待响应来使用该服务。ROS 客户端库通常将此交互呈现给程序员，就像它是一次远程过程调用。
- 袋：袋是一种用于保存和回放 ROS 消息数据的格式。袋是存储数据的重要机制，例如传感器数据，这些数据可能很难收集，但对于开发和测试算法是必要的。

ROS 主节点在 ROS 计算图中充当名称服务。它存储 ROS 节点的话题和服务注册信息。节点与主节点通信以报告其注册信息。当这些节点与主节点通信时，它们可以接收有关其他注册节点的信息，并根据需要建立连接。主节点还会在这些节点的注册信息发生变化时进行回调，允许节点在新节点运行时动态创建连接。

节点直接连接到其他节点。主节点只提供查找信息，类似于域名服务（DNS）服务器。订阅某个话题的节点将请求从发布该话题的节点建立连接，并使用协商的连接协议建立连接。这种架构允许解耦操作，其中名称是构建更大更复杂系统的主要手段。在 ROS 中，名称发挥着非常重要的作用，节点、话题、服务和参数都有名称。每个 ROS 客户端库都支持名称的命令行重映射，这意味着编译后的程序可以在运行时重新配置，以在不同的计算图拓扑中运行。

2.3.2   ROS 兼容的 FPGA

为了将 FPGA 集成到基于 ROS 的系统中，提出了 ROS 兼容的 FPGA 组件[64-65]。将 FPGA 集成到机器人系统中需要具备与软件 ROS 组件相当的功能，以使用 ROS 兼容的 FPGA 组件替代软件 ROS 组件。因此，ROS 兼容的 FPGA 组件中使用的每种 ROS 消息类型和数据格式必须与软件 ROS 组件相同。ROS 兼容的 FPGA 组件旨在提高处理性能，同时满足要求。

图 2.5 显示了 ROS 兼容的 FPGA 组件模型的架构。每个 ROS 兼容的 FPGA 组件必须实现以下四个功能：FPGA 电路的封装，ROS 软件和 FPGA 电路之间的接口，来自话题的订阅接口，以及到话题的发布接口。ARM 核心负责与 FPGA 通信并将工作负载卸载到 FPGA，而 FPGA 部分执行实际的工作负载加速。注意，在组件中软件有两个角色。首先，输入接口过程，它订阅主题以接收输入数据。运行在 ARM 核心上的软件组件，负责格式化适合 FPGA 处理的数据，并将格式化的数据发送到 FPGA。其次，输出接口过程，它从 FPGA 接收处理结果。运行在 ARM 核心上的软件组件负责重新格式化适合 ROS 系统的结果，并将其发布到话题。这样的结构可以实现软硬件合作的机器人系统。

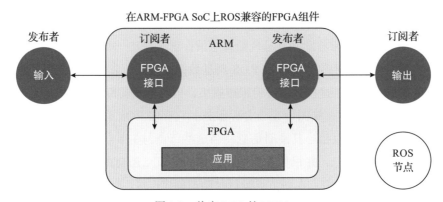

图 2.5　兼容 ROS 的 FPGA

需要注意的是，ROS 兼容的 FPGA 组件与纯软件编写的 ROS 节点的区别在于，后者包含 FPGA 的硬件处理。将 ROS 兼容的 FPGA 组件集成到 ROS 系统中只需要通过常规的 ROS 开发方式，通过发布 / 订阅消息与 ROS 节点进行连接。ROS 兼容的 FPGA 组件通过软件封装 FPGA，实现了 FPGA 的简便集成。

为了评估这种设计，[65] 的作者在 Xilinx Zynq-7020 上实现了一个硬件图像标记应用，并验证该设计比使用 ARM 处理器的纯软件快 26 倍，甚至比英特尔 PC 快 2.3 倍。此外，该组件的端到端延迟比纯软件处理快 1.7 倍。因此，作者验证了 ROS 兼容的 FPGA 组件实现了显著的性能改进，并通过硬件和软件的协同处理保持了高开发生产力。然而，这也带来了一个问题，作者发现 ROS 节点之间的通信是 ROS 兼容的 FPGA 组件执行时间的主要瓶颈。

2.3.3 优化 ROS 兼容的 FPGA 的通信延迟

正如前一小节所述，ROS 组件之间的大通信延迟是一个严重的问题，并且一直是将计算卸载到 FPGA 的瓶颈。[66] 中的作者旨在通过将 ROS 的发布 / 订阅消息实现为硬件来减少延迟。基于对 ROS 系统中网络数据包的分析结果，作者提出了一种实现硬件 ROS 兼容的 FPGA 组件的方法，该方法通过分离发布 / 订阅消息的注册部分（XMLRPC）和数据通信部分（TCPROS）来实现。

为了研究 ROS 的性能，作者比较了 PC-PC 和 PC-ARM SoC 的通信延迟。两个计算机节点通过千兆以太网相互连接。在 PC-ARM SoC 环境中，通信延迟约比 PC-PC 大四倍。因此，对于像 ARM 处理器这样的嵌入式处理器环境，性能应该得到改善。因此，ROS 兼容的 FPGA 组件的挑战是减少通信延迟中的大开销。如果减少通信延迟，ROS 兼容的 FPGA 组件可以用作机器人应用 / 系统中的处理加速器。

为了将 ROS 的发布 / 订阅消息实现为硬件，作者分析了在普通软件的 ROS 系统中流动的发布 / 订阅消息的网络数据包。作者使用 WireShark 进行网络数据包分析 [67]，使用一个主节点、一个发布者节点和一个订阅者节点的基本 ROS 设置，步骤如下。

1. 发布者和订阅者节点通过 XMLRPC[68] 将它们的节点和话题信息注册到主节点。注册是通过调用 registerPublisher、hasParam 等方法来完成的。

2. 主节点通过调用 publisherUpdate（XMLRPC）向订阅者节点通知话题信息。

3. 订阅者节点通过使用 requestTopic（XMLRPC）向发布者节点发送连接请求。

4. 发布者节点作为对 requestTopic（XMLRPC）的响应，返回用于数据通信的 IP 地址和端口号，即 TCP 连接信息。

5. 订阅者节点通过使用此信息建立 TCP 连接，并向 TCP 连接发送连接标头。连接标头包含关于建立连接的重要元数据，包括类型和路由信息，使用 TCPROS[69]。

6. 如果连接成功，发布者节点发送连接标头（TCPROS）。

7. 数据传输重复。此数据以小端写入，并添加头信息（4 字节）（TCPROS）。

通过这一分析，作者发现在 ROS 系统中流动的发布 / 订阅消息的网络数据包可以分为两个部分，即注册部分和数据传输部分。注册部分使用 XMLRPC（步骤 1 ~ 4），而数据传输部分使用 TCPROS（步骤 5 ~ 7），后者几乎是具有非常小开销的 TCP 通信的原始数据。此外，一旦数据传输（步骤 7）开始，只有数据传输在没有步骤 1 ~ 6 的情况下重复进行。

基于网络数据包分析，作者修改了服务器端口，使得 XMLRPC 和 TCPROS 使用不同的端口分配。此外，主节点需要 XMLRPC 的客户端 TCP/IP 连接用于发布者节点，而对于订阅者节点，需要 XMLRPC 的两个客户端 TCP/IP 连接和 TCPROS 的一个客户端连接。因此，实现发布 / 订阅消息需要两个或三个 TCP 端口。在 ROS 节点中使用硬件 TCP/IP 堆栈是一个问题。

为了优化 ROS 兼容的 FPGA 的通信性能，作者提出了硬件发布和订阅服务。传统上，ROS 中的发布或订阅主题是由软件完成的。通过将这些节点实现为硬件电路，ROS 节点与 FPGA 之间的直接通信不仅成为可能，而且效率极高。为了实现硬件 ROS 节点，作者分别设计了订阅者硬件和发布者硬件：订阅者硬件负责订阅另一个 ROS 节点的话题并从话题接收 ROS 消息；而发布者硬件负责将 ROS 消息发布到另一个 ROS 节点的话题。通过这种基于硬件的设计，评估结果表明，硬件 ROS 兼容的 FPGA 组件的延迟可以减少一半，从 1.0ms 减少到 0.5ms，从而有效提高 FPGA 加速器与其他基于软件的 ROS 节点之间的通信。

2.4 小结

在本章中，我们对 FPGA 技术进行了一般性介绍，特别是运行时部分重配置技术，该技术允许多个机器人工作负载在运行时共享一个 FPGA。我们还介绍了将 ROS 运行于 FPGA 的现有研究，该研究为各种机器人工作负载提供了在 FPGA 上直接运行的基础设施支持。然而，FPGA 上的机器人计算生态系统仍处于起步阶段。例如，由于缺乏用于机器人加速器设计的高级综合工具，将机器人工作负载或部分机器人工作负载加速到 FPGA 仍需要大量的手动工作。更糟糕的是，大多数机器人工程师没有足够的 FPGA 背景来开发基于 FPGA 的加速器，而少数 FPGA 工程师则没有足够的机器人背景来完全理解机器人系统。因此，为了充分利用 FPGA 的优势，先进的设计自动化工具是必不可少的，这些工具可以填补这种知识差距。

感知——深度学习

摄像机因其重量轻和具备丰富的感知信息能力而被广泛用于智能机器人系统。摄像机可用于完成智能机器人的各种基本任务，如视觉里程计（VO）、位置识别、物体检测和识别。随着卷积神经网络（CNN）的发展，我们可以直接以绝对尺度从单目摄像机重建深度和姿态，使单目 VO 更加健壮和高效。单目 VO 方法，如 Depth-VO-Feat[70]，与立体感觉的方法相比使机器人系统更容易部署。此外，尽管之前有为机器人应用设计加速器的工作，例如 ESLAM[71]，但加速器只能用于可扩展性差的特定应用。

近年来，CNN 在机器人感知的位置识别方面有了很大的改进。一种基于 CNN 的位置识别方法 GeM[72] 的准确性比手工方法 rootSIFT[73] 高出约 20%。CNN 是一个通用框架，可以应用于各种机器人应用。在 CNN 的帮助下，机器人还可以检测和区分输入图像中的物体。总的来说，CNN 极大地增强了机器人在定位、位置识别和许多其他感知任务方面的能力。

CNN 已经成为各种机器人的核心部件。然而，由于神经网络（NN）是计算密集型的，深度学习模型通常是机器人的性能瓶颈。在本章中，我们将深入探讨如何利用 FPGA 在各种机器人工作负载中加速神经网络。

具体来说，神经网络在图像、语音和视频识别等领域被广泛采用。此外，深度学习在解决机器人感知问题方面取得了重大进展。但神经网络推理的计算密集和存储复杂度给其应用带来了很大的困难。CPU 很难提供足够的计算能力。GPU 是处理神经网络计算的首选，因为它们具有强大的计算能力和易于使用的开发框架，但受制于能效低下。

另一方面，凭借专门设计的硬件，FPGA 在性能和能效方面有望超越 GPU。研究者已经提出了各种基于 FPGA 的加速器，并采用软件和硬件优化技术来实现高性能和提高能源效率。在本章中，我们概述了以前基于 FPGA 的神经网络推理加速器的相关工作，并总结了使用的主要技术。这是一份从软件到硬件，从电路级到系统级的调研，是对基于 FPGA 的深度学习加速器的全面分析，可作为未来工作的指南。

3.1 为什么选择 FPGA 用于深度学习

最近对神经网络的研究工作表明，在机器学习方面，其与传统算法相比有了很大的改进。研究者已经提出了各种网络模型，如 CNN 和递归神经网络（RNN），可用于图像、视频和语音处理。2012 年，CNN[74] 将 ImageNet[75] 数据集上的 Top-5 图像分类准确率从 73.8% 提高到 84.7%，并凭借其出色的特征提取能力进一步提升了目标检测能力 [76]。RNN[77] 在语音识别方面实现了最优的单词错误率。通常，神经网络对各种模式识别问题具有很高的拟合能力。这种能力使神经网络成为许多人工智能应用的非常有潜力的候选方案。

但神经网络模型的计算和存储复杂度很高。在表 3.1 中，我们列出了先进的 CNN 模型在 ImageNet 数据集[75] 上的运算次数、参数数量（加法或乘法）和 Top-1 准确率。以 CNN 为例，用于 224 × 224 图像分类的最大 CNN 模型需要多达 390 亿次浮点运算（FLOP）和超过 500MB 的模型参数 [78]。由于计算复杂度与输入图像大小成正比，因此处理更高分辨率的图像可能需要超过 1000 亿次操作。像 MobileNet[79] 和 ShuffleNet[80] 这样的工作正试图通过先进的网络结构来减小网络规模，但准确率明显下降。神经网络模型的大小和准确率之间的平衡在今天仍然是一个开放的问题。在某些情况下，较大的模型尺寸会阻碍神经网络的应用，尤其是在功率受限或延迟关键型场景中。

表 3.1　先进的神经网络加速器设计的性能和资源利用率

	AlexNet[74]	VGG19[78]	ResNet152[81]	MobileNet[79]	ShuffleNet[80]
年份	2012	2014	2016	2017	2017
参数数量	60M	144M	57M	4.2M	2.36M
运算次数	1.4G	39G	22.6G	1.1G	0.27G
Top-1 准确率	61.0%	74.5%	79.3%	70.6%	67.6%

因此，为基于神经网络的应用程序选择合适的计算平台至关重要。典型的 CPU 每秒可以执行 10 ~ 100GFLOP，电源效率通常低于 1GOP/J。因此，CPU 很难满足云应用中的高性能要求，也很难满足移动应用中的低功耗要求。相比之下，GPU 提供高达 10TOP/s 的峰值性能，是高性能神经网络应用的理想选择。像 Caffe[81] 和 TensorFlow[82] 这样的开发框架也提供了易于使用的接口，这使得 GPU 成为神经网络加速的首选。

除了 CPU 和 GPU，FPGA 正在成为可实现高能效神经网络处理的候选平台。通过面向神经网络的硬件设计，FPGA 可以实现高并行性，并利用神经网络计算的特性来消除额外的逻辑。算法研究还表明，神经网络模型可以以硬件友好的方式简化，同时不影响模型的准确性。因此，与 CPU 和 GPU 相比，FPGA 能够实现更高的能效。

基于 FPGA 的加速器设计面临着性能与灵活性两方面的挑战。

- 目前的 FPGA 通常支持 100 ～ 300MHz 的工作频率，远低于 CPU 和 GPU。FPGA 用于可重构性的逻辑开销也会降低整体系统性能。在 FPGA 上进行简单的设计很难实现高性能和高能效。
- 在 FPGA 上实现神经网络比在 CPU 或 GPU 上实现难得多。目前 FPGA 缺乏用于 CPU 和 GPU 的开发框架，如 Caffe 和 TensorFlow。

许多解决上述两个问题的设计已经实施，以实现节能且灵活的基于 FPGA 的神经网络加速器。在本章中，我们从以下方面总结了这些工作中提出的技术。

- 首先给出一个简单的基于 FPGA 的神经网络加速器性能模型，以分析高能效设计的方法。
- 研究当前高性能和高能效的神经网络加速器设计技术，从软件和硬件层面介绍这些技术，并估计这些技术的效果。
- 比较先进的神经网络加速器设计，以评估所引入的技术，并估计基于 FPGA 的加速器设计的可实现性能，其能效至少是当前 GPU 的 10 倍。
- 研究先进的基于 FPGA 的神经网络加速器的自动设计方法。

3.2　基础：深度神经网络

在本节中，我们将介绍神经网络的基本功能。在这里，我们只关注神经网络的推理，即使用训练过的模型来预测或分类新数据，未讨论神经网络的训练过程。神经网络模型可以表示为有向图，如图 3.1a 所示。图的每个顶点表示一层，该层对来自上一层或输入的数据进行操作，并生成下一层或输出的结果。在本章中，我们将每一层的参数称为权重，将每层的输入 / 输出称为激活。

卷积（CONV）层和全连接（FC）层是 NN 模型中两种常见的层类型。这两层的函数如图 3.1b 所示。CONV 层对一组输入特征图 F_{in} 进行 2D 卷积，并将结果相加，得到输出特征图 F_{out}。FC 层接收特征向量作为输入，并进行矩阵 – 向量乘法。

除了 CONV 和 FC 层，NN 层还具有池化、ReLU[74]、concat[83]、element-wise[84] 和其他类型的层。但这些层对神经网络模型的计算和存储需求贡献不大。图 3.1c 显示了 VGG11 模型 [78] 中的权重和运算分布。在该模型中，CONV 层和 FC 层共同贡献了网络 99% 以上的权重和运算，这与大多数 CNN 模型类似。与 CNN 相比，RNN 模型 [77,85] 通常没有 CONV 层，只有 FC 层参与了大部分计算和存储。因此，大多数神经网络加速系统都集中在这两类层上。

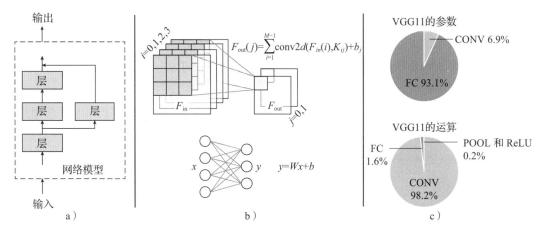

图 3.1   a）神经网络模型的计算图。b）NN 模型中的 CONV 层和 FC 层。c）CONV 层和 FC 层主导了典型 NN 模型 VGG11 的运算和参数

3.3   设计方法和标准

在详细介绍用于神经网络加速器的技术之前，我们首先概述相关的设计方法。通常，神经网络推理加速器的设计目标包括以下两个方面：高速（高吞吐量和低延迟）和高能效。表 3.2 列出了本节中使用的符号。

表 3.2   符号表

符号	描述	单位
IPS	在整个系统中，以每秒处理的推理数量来衡量	s^{-1}
W	每个推理的工作负载，通过网络中的操作次数 * 来衡量，主要是神经网络的加法和乘法	GOP
OPS_{peak}	加速器的峰值性能，通过每秒可处理的最大操作数来衡量	GOP/s
OPS_{act}	加速器的运行时性能，以每秒处理的操作数来衡量	GOP/s
η	计算单元利用率，以每次推理过程中所有计算单元中工作计算单元的平均比例来衡量	—
f	计算单元的工作频率	GHz
P	硬件设计中计算单元的数量	—
L	处理每个推理的延迟	s
C	加速器的并发性，通过并行处理的推理数量来衡量	—
Eff	系统的能量效率，以单位能量内可处理的操作数来衡量	GOP/J
E_{total}	每次影响的系统总能源成本	J
E_{static}	每次推理的系统静态能量成本	J
E_{op}	每个推理中每个操作的平均能源成本	J
N_{x_acc}	从内存访问的字节数（x 可以是 SRAM 或 DRAM）	byte
E_{x_acc}	访问内存中每个字节的能量（x 可以是 SRAM 或 DRAM）	J/byte

* 每次加法或乘法都被算作一次操作。

速度。NN 加速器的吞吐量可以用式（3.1）表示。某个 FPGA 芯片的片上资源是有限的。我们可以通过以下方式提高峰值性能：减小每个计算单元的大小来增加计算单元的数量 P；增加工作频率 f。减小计算单元的大小可以通过牺牲数据精度来实现，这可能会损害模型的准确性，并且需要软硬件协同设计。另一方面，增加工作频率是纯粹的硬件设计工作。通过合理的并行实现和高效的存储器系统可确保高利用率。目标模型的属性，即数据访问模式或数据计算比率，也会影响硬件是否能在运行时得到充分利用。但以前针对更高利用率的工作大多集中在硬件方面。

$$IPS = \frac{OPS_{act}}{W} = \frac{OPS_{peak} \times \eta}{W} = \frac{fP \times \eta}{W} \tag{3.1}$$

大多数基于 FPGA 的神经网络加速器逐个计算不同的输入，有些设计并行处理不同的输入。因此加速器的延迟表示为式（3.2）。常见的并行设计包括层流水线和批处理，这通常与循环展开一起考虑。在本章中，我们将更多地关注优化吞吐量。由于不同的加速器可以在不同的 NN 模型上进行评估，一个常见的速度标准是 OPSact，它在一定程度上消除了不同网络模型的影响。

$$L = \frac{C}{IPS} \tag{3.2}$$

能耗效率。能耗效率（Eff）是计算系统的另一个关键标准。对于神经网络推理加速器，能耗效率定义为式（3.3）。与吞吐量一样，我们计算运算次数而不是推理次数，以消除工作负载 W 的差异。如果目标网络的工作负载是固定的，那么提高神经网络加速器的能耗效率意味着降低总能耗成本 E_{total}（处理每个输入）。

$$Eff = \frac{W}{E_{total}} \tag{3.3}$$

总能耗成本主要来自计算和内存访问两个部分，用式（3.4）表示。式（3.4）中的第一项是用于计算的动态能耗成本。给定某个网络，工作负载 W 是固定的。研究人员一直专注于通过量化（缩小用于计算的位宽）来优化 NN 模型，以减少 E_{op}，或者通过稀疏化（将更多权重设置为零）来跳过与这些零的乘法，以减少 N_{op}，这遵循与吞吐量优化类似的规则。

$$\begin{aligned} E_{total} \approx{} & W \times E_{op} + N_{SRAM\_acc} \times E_{SRAM\_acc} \\ & + N_{DRAM\_acc} \times E_{DRAM\_acc} + E_{static} \end{aligned} \tag{3.4}$$

式（3.4）中的第二项和第三项是用于存储器存取的动态能耗成本。基于 FPGA 的 NN 加速器通常与外部 DRAM 一起工作。我们将存储器访问能耗分为 DRAM 部分和 SRAM 部分。可以通过量化、稀疏化、高效的片上存储系统和调度方法来减少 N_{x_acc}。因此，这些方法有助于减少动态存储能耗。在一定的 FPGA 平台下，单位能耗 E_{x_acc} 很难降低。

第四项 E_{static} 表示系统的静态能耗成本。考虑到 FPGA 芯片和设计规模，这种能耗成本很难得到改善。

通过对速度和能耗的分析，我们发现神经网络加速器既涉及对神经网络模型的优化，也涉及对硬件的优化。在接下来的章节中，我们将分别介绍之前在这两个方面的工作。

3.4 面向硬件的模型压缩

如 3.3 节所述，高能效快速神经网络加速器的设计可以受益于神经网络模型的优化。较大的 NN 模型通常具有较高的模型准确率。这意味着可以用硬件速度或能耗成本来换取模型准确率。神经网络研究人员正在设计更高效的网络模型，从 AlexNet[74] 到 ResNet[84]、SqueezeNet[86] 和 MobileNet[79]。最新的工作试图通过搜索良好的网络结构来直接优化处理延迟 [87]，或在运行时跳过一些层来节省计算 [88]。此外，最近一些方法可以通过压缩编译联合设计来实现高性能和低内存占用 [89]。在这些方法中，手工制作 / 生成的网络之间的主要区别在于大小和每层之间的连接。基本操作相同，差异几乎不会影响硬件设计。出于这个原因，我们在本章中不会集中讨论这些技术。但是设计者应该考虑使用这些技术来优化目标网络。

其他方法试图通过压缩现有的 NN 模型来实现折中。这些方法试图减少权重的数量或减少每个激活或权重所用的位数，这有助于降低计算和存储的复杂性。相应的硬件设计可以从这些神经网络模型压缩方法中受益。在本节中，我们将研究这些面向硬件的网络模型压缩方法。

3.4.1 数据量化

模型压缩最常用的方法之一是权重和激活的量化。在常见的开发框架中，神经网络的激活和权重通常由浮点数据表示。最近的工作试图用低位定点数据甚至一小组训练值来代替这种表示。一方面，对每个激活或权重使用更少的比特有助于降低神经网络处理系统的带宽和存储需求。另一方面，使用简化的表示降低了每次操作的硬件成本。本节讨论了两种量化方法：线性量化和非线性量化。

线性量化

线性量化找到每个权重和激活的最近的定点表示。这种方法的问题在于，浮点数据的动态范围大大超过了定点数据。大多数权重和激活都会受到上溢或下溢的影响。Qiu 等人 [90] 发现，单层中权重和激活的动态范围要有限得多，并且在不同的层中有所不同。因此，他们将不同的小数位宽分配给不同层中的权重和激活。为了决定一组数据的小数位宽，即一层的激活或权重，首先分析数据分布。选择一组可能的小数位宽作为候选解决方案。然后选择在训练数据集上具有最佳模型性能的解决方案。在 [90] 中，逐层选择网络的优化解决方案，以避免指数设计空间探索。Wang 等人 [91] 试图仅对第一层和最后一层使用大的位宽，并将中间层量化为三进制或二进制。该方法需要增加网络大小以保持高准确率，但仍能提高硬件性能。Guo 等人 [92] 选择在所有层的小数位宽固定后对模型进行微调。Tambe 等人 [93-94] 提出了一种算法 – 硬件联合设计，该设计以一种新颖的浮点数字格式为中心，该格式在层粒度上动态地最大化并优化地剪裁其可用动态范围，以创建神经网络参数的可信编码。Krishnan 等人 [95] 将后训练量化和量化感知训练技术应用于强化学习任务。

选择小数位宽的方法等于用 2^k 的缩放因子缩放数据。Li 等人 [96] 使用每一层的训练参数 W^l 缩放权重，并使用 2 位数据量化权重，表示 W^l、0 和 $-W^l$。这项工作中的激活未量化。因此，网络仍然实现 32 位浮点运算。Zhou 等人 [97] 进一步将一个只有 1 位的层的权重量化为 $\pm s$，其中 $s=E(|w^l|)$ 是该层权重绝对值的期望值。线性量化也应用于这项工作中的激活。

非线性量化

与线性量化相比，非线性量化独立地将值分配给不同的二进制码。因此，从非线性量化码到其对应值的转换是查找表。这种方法有助于进一步减小用于每个激活或权重的位宽。Chen 等人 [98] 通过预定义的哈希函数将每个权重分配给查找表中的一个项目，并训练查找表的值。Han 等人 [99] 通过对训练模型的权重进行聚类，将查找表中的值分配给权重。每个查找表值都被设置为集群中心，并使用训练数据集进行进一步的微调。这种方法可以将先进的 CNN 模型的权重压缩到 4 位，而不会损失准确率。Zhu 等人 [100] 提出了三元量化网络，其中一层的所有权重都被量化为三个值：W^n、0 和 W^p。量化值以及权重与查找表之间的对应关系都被训练。这种方法在先进的网络模型上牺牲了 ImageNet 数据集不到 2% 的准确率损失。权重位宽从 32 位减少到 2 位，这意味着大约 16 倍的模型大小压缩。

对比

我们比较了图 3.2[90, 92, 96-97, 99-100] 中的一些典型量化方法。所有量化结果都在 ImageNet 数据集上进行了测试，并记录了与相应的基线浮点模型相比的绝对准确率损失。在不同的模型上比较不同的方法有点不公平，但这仍然提供了一些见解。对于线性量化，8 位是确保可忽略的准确率损失的明确界限。对于 6 位或更少的位，从一开始就使用微调甚至训练每个权重将导致明显的准确率下降。如果我们要求 1% 的准确率损失在可接受的范围内，则可以使用至少 8×8 配置的线性量化和列出的非线性量化。我们将在 3.5 节中进一步讨论量化的性能增益。

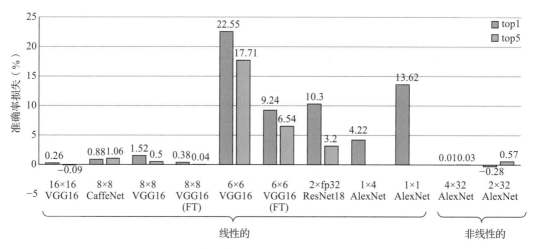

图 3.2   [90，92，96-97，99-100] 中不同量化方法之间的比较。量化配置表示为（权重位宽）×（激活位宽）。"（FT）"表示在线性量化之后对网络进行微调

3.4.2   权重缩减

除了缩小激活和权重的位宽外，模型压缩的另一种方法是减少权重的数量。一种方法是用低秩表示来近似权重矩阵。Qiu 等人 [90] 用奇异值分解压缩 FC 层的权重矩阵 W。$m \times n$ 权重矩阵 W 由两个矩阵 $A_{m \times p}$ 和 $B_{p \times n}$ 的乘积代替。对于足够小的 p，权重的总数会减少。这项工作将 VGG 网络的最大 FC 层压缩到其原始大小的 36%，分类准确率降低了 0.04%。Zhang 等人 [101] 对卷积层使用了类似的方法，并将接下来的非线性层的影响纳入分解优化过程。所提出的方法在以 ImageNet 为目标的先进的 CNN 模型上实现了 4 倍的速度提升，准确率损失仅为 0.9%。

修剪是减少权重数量的另一种方法。这种方法直接去除权重中的零值或去除绝对值

较小的值。修剪中的挑战是零权重比率和模型准确率之间的权衡。一种解决方案是应用套索方法，该方法在训练期间对权重应用 L1 归一化。Liu 等人 [102] 在 AlexNet[74] 模型上应用稀疏组套索方法。训练后 90% 的权重被去除，准确率损失小于 1%。另一种解决方案是在训练过程中修剪零权重。Han 等人 [99] 直接去除网络中为零或绝对值较小的权重。然后利用训练数据集对左侧权重进行微调，以恢复准确率。AlexNet 上的实验结果表明，在保持模型准确率的同时，可以去除 89% 的权重。

权重缩减带来的硬件增益是压缩比的倒数。根据上述结果，权重缩减后的潜在速度提高幅度高达 10 倍。

3.5　硬件设计：高效架构

在本节中，我们研究先进的基于 FPGA 的神经网络加速器设计中使用的硬件级技术，以实现高性能和高能效。我们将这些技术分为三个级别：计算单元级别、循环展开级别和系统级别。

3.5.1　计算单元设计

计算单元级设计影响神经网络加速器的峰值性能。FPGA 芯片的可用资源是有限的。较小的计算单元设计意味着更多的计算单元和更高的峰值性能。精心设计的计算单元阵列还可以提高系统的工作频率，从而提高峰值性能。

低位宽计算单元

减少用于计算的位宽的数量是减小计算单元大小的直接方法。使用较少位的可行性来自 3.4.1 节中介绍的量化方法。大多数先进的 FPGA 设计都用定点单元取代了 32 位浮点单元。Podili 等人 [103] 为所提出的系统实现了 32 位定点单元。在 [90，104-107] 中广泛采用了 16 位定点单元。ESE[108] 采用 12 位定点权值和 16 位定点神经元设计。Guo 等人 [92] 在嵌入式 FPGA 上使用 8 位单元进行设计。最近的工作也集中在极窄的位宽设计上。

Prost-Boucle 等人 [109] 为三元网络实现了具有 1 个 LUT 的 2 位乘法。[110] 中的实验表明，二值化神经网络（BNN）的 FPGA 实现优于 CPU 和 GPU。尽管 BNN 存在准确率损失，但许多设计都探索了使用 1 位数据进行计算的好处 [111-119]。

上面提到的设计集中于用于线性量化的计算单元。对于非线性量化，将数据转换回全精度进行计算仍然需要花费大量资源。Samragh 等人 [120] 提出了基于因子分解系数的点积实现。由于权重的可能值对于非线性量化是非常有限的，因此所提出的计算单元累积每个可能权重值的乘法器，并将结果计算为查找表中的值的加权和。这样，一个输出神经元所需的乘法等于查找表中的值的数量。乘法运算被随机寻址的累加所代替。

大多数设计自始至终在神经网络的处理中使用一个位宽。Qiu 等人 [90] 发现，与 CONV 层相比，FC 层中的神经元和权重可以使用更少的位，同时保持准确率。在 [113, 121] 的设计中使用了异构计算单元。

不同位宽的计算单元的大小在表 3.3 中进行了比较。测试了三种实现方式：在 Xilinx FPGA 上用逻辑资源分离乘法器和加法器，在 Xilinx FPGA 上用 DSP 单元实现乘 – 加法 功能，在 Altera FPGA 上用 DSP 单元实现乘 – 加法功能。资源消耗是 Vivado 2018.1 针 对 Xilinx XCKU060 FPGA 和 Quartus Prime 16.0 针对 Altera Arria 10 GX1150 FPGA 的合 成结果。纯逻辑模块和浮点乘 – 加模块是用 IP 核生成的。定点乘法和加法模块在 Verilog 中用 $A*B+C$ 实现，并由 Vivado/Quartus 自动映射到 DSP。

表 3.3　不同数据类型的乘法器和加法器的 FPGA 资源消耗比较

	Xilinx Logic				Xilinx DSP			Altera DSP	
	乘法器		加法器		乘法和加法			乘法和加法	
	LUT	FF	LUT	FF	LUT	FF	DSP	ALM	DSP
fp32	708	858	430	749	800	1284	2	1	1
fp16	221	303	211	337	451	686	1	213	1
fixed32	1112	1143	32	32	111	64	4	64	3
fixed16	289	301	16	16	0	0	1	0	1
fixed8	75	80	8	8	0	0	1	0	1
fixed4	17	20	4	4	0	0	1	0	1

我们首先概述纯逻辑实现计算单元的大小。通过将权重和激活从 32 位浮点数压缩到 8 位定点数，乘法器和加法器分别按比例缩小到大约 1/10 和 1/50。如前所述，使用 4 位 或更小的运算符可以带来进一步的优势，但也会导致显著的准确率损失。

最近的 FPGA 由大量的 DSP 单元组成，每个单元都实现了硬乘法器、预加法器和累 加器核心。神经网络计算的基本模式——乘法和求和，也适用于该设计。因此，我们还 测试了用 DSP 单元实现的乘法和加法功能。由于 DSP 体系结构的不同，我们在 Xilinx 和 Altera 平台上进行了测试。与 32 位浮点函数相比，位宽较窄的定点函数在资源消耗方 面仍然具有优势。但对于 Altera FPGA 来说，这一优势并不明显，因为 DSP 单元本身支 持浮点运算。

在 Xilinx 或 Altera FPGA 上，具有 16 位或更少定点数据的定点函数可以很好地集成 到一个 DSP 单元中。这表明，如果我们在计算方面使用更窄的位宽（如 8 或 4），那么量 化很难对硬件有利。问题是 DSP 单元中的宽乘法器和加法器在这些情况下没有得到充分利用。Nguyen 等人 [122] 提出了用单个宽位宽定点乘法器实现两个窄位宽定点乘法的设计。在这个设计中，AB 和 AC 这两个乘法运算是以 $A(B<<k+C)$ 的形式执行的。如果 k 足够大，则 AB 和 AC 的位在乘法结果中不重叠，并且可以直接分离。[122] 中的设计使用一个 25×18 的乘法器实现两个 8 位乘法，其中 k 为 9。类似的方法可以应用于其他位宽和 DSP。

快速卷积方法

对于 CONV 层，可以通过替代算法来加速卷积运算。基于离散傅里叶变换（DFT）的快速卷积在数字信号处理中被广泛采用。Zhang 等人 [123] 提出了一种基于 2D DFT 的硬件设计，用于高效的 CONV 层执行。对于与 $K \times K$ 滤波器卷积的 $F \times F$ 滤波器，DFT 将空间域中的 $(F-K+1)^2 K^2$ 乘法转换为频域中的 F^2 复数乘法。对于具有 M 个输入信道和 N 个输出信道的 CONV 层，需要 MN 次频域乘法和 $(M+N)$ 次 DFT/IDFT。卷积核的转换是一次性的。因此，对于 CONV 层来说，域转换过程是低成本的。该技术不适用于步长 >1 或 1×1 卷积的 CONV 层。Ding 等人 [124] 提出，可以将逐块圆形约束应用于权重矩阵。通过这种方式，FC 层中的矩阵向量乘法被转换为一组 1D 卷积，并且可以在频域中加速。该方法也可以通过将 $K \times K$ 卷积核处理为 $K \times K$ 矩阵来应用于 CONV 层，并且不受 K 或步长的限制。

频域方法需要复数乘法。另一种快速卷积只涉及实数乘法 [125]。使用 Winograd 算法的 2D 特征图 F_{in} 与核 K 的卷积由式（3.5）表示：

$$F_{out} = A^T[(GF_{in}G^T) \odot (BF_{in}B^T)]A \tag{3.5}$$

G、B 和 A 是仅与核和特征图的大小相关的变换矩阵。$\odot$ 表示两个矩阵的逐元素相乘。对于与 3×3 核卷积的 4×4 特征图，变换矩阵为

$$G = \begin{bmatrix} 1 & 0 & 0 \\ \frac{1}{2} & \frac{1}{2} & \frac{1}{2} \\ \frac{1}{2} & -\frac{1}{2} & \frac{1}{2} \\ 0 & 0 & 1 \end{bmatrix} \quad B = \begin{bmatrix} 1 & 0 & -1 & 0 \\ 0 & 1 & 1 & 0 \\ 0 & -1 & 1 & 0 \\ 0 & 1 & 0 & -1 \end{bmatrix} \quad A = \begin{bmatrix} 1 & 0 \\ 1 & 1 \\ 1 & -1 \\ 0 & -1 \end{bmatrix}$$

由于特殊的矩阵元素，与变换矩阵 A，B，G 相乘只引起少量的移位和加法。在这种情况下，乘法运算的次数从 36 次减少到 16 次。最常用的 Winograd 变换是 [105，126] 中的 3×3 卷积。

快速卷积的理论性能增益取决于卷积大小。受片上资源和灵活性考虑的限制，目前的设计没有选择大的卷积尺寸。现有工作指出，通过与具有合理核大小的 FFT[123] 或 Winograd[126] 进行快速卷积，可以实现高达 4 倍的理论性能增益。Zhuge 等人 [127] 甚至试图在设计中同时使用 FFT 和 Winograd 方法，以适应不同层中不同的核大小。

频率优化方法

所有上述技术都引入了增加特定 FPGA 内计算单元数量的目标。增加计算单元的工作频率也提高了峰值性能。

当前的 FPGA 支持 700 ～ 900MHz DSP 理论峰值工作频率。但现有的设计通常在 100 ～ 400MHz 下工作 [90, 92, 107, 128-129]。如 [130] 所述，工作频率受到片上 SRAM 和 DSP 单元之间路由的限制。[130] 中的设计为 DSP 单元和周围逻辑使用不同的工作频率。每个 DSP 单元的相邻片被用作本地 RAM 以分离时钟域。[130] 中的原型设计在不同速度等级的 FPGA 芯片上实现了 741MHz 和 891MHz 的峰值 DSP 工作频率。Xilinx 还提出了使用该技术的 CHaiDNN-v2[131] 和 xfDNN[132]，并实现了高达 700MHz 的 DSP 工作频率。与频率在 300MHz 以内的现有设计相比，该技术带来了至少 2 倍的峰值性能增益。

3.5.2 循环展开策略

CONV 层和 FC 层贡献了神经网络的大部分计算和存储需求。我们将图 3.1b 中的 CONV 层函数表示为算法 3.1 中的嵌套循环。为了使代码易读，我们分别将特征图和 2D 卷积核沿 x 和 y 方向的循环合并。FC 层可以表示为具有大小均为 1×1 的特征图和卷积核的 CONV 层。除了算法 3.1 中的循环之外，我们还将多个输入过程的并行性称为批。由于我们将 FC 层和 CONV 层都视为嵌套循环，因此循环展开策略可以应用于 CNN 加速器和 RNN 加速器。但由于 FC 层的情况相当简单，我们倾向于在本节中使用 CNN 作为示例。

算法 3.1　卷积层

输入： 大小为 $M \times Y \times X$ 的特征图 $\boldsymbol{F}_{in}$，大小为 $N \times M \times K \times K$ 的卷积核 $\boldsymbol{Ker}$，
　　　　大小为 N 的偏置向量 $\boldsymbol{b}$

输出： 特征图 $\boldsymbol{F}_{out}$

Function ConvLayer($\boldsymbol{F}_{in}$, $\boldsymbol{Ker}$)

1: 令 $\boldsymbol{F}_{out} \leftarrow$ 大小为 $N \times (Y - K + 1) \times (X - K + 1)$ 的零数组

2: **for** $n = 1; n < N; n++$ **do**

3: 　　**for** $m = 1; m < M; m++$ **do**

4: 　　　　**for** each (y, x) within $(Y - K + 1, X - K + 1)$ **do**

```
5:        for each (ky, kx) within (K, K) do
6:            F_out [n][y][x]+ = F_in [m][y − ky + 1][x − kx + 1] * K[n][m][ky][kx]
7:        end for
8:      end for
9:    end for
10:   F_out [n]+ = b[n]
11: end for
12: return  F_out
```

选择展开参数

为了并行化循环的执行，我们展开循环，并在硬件上并行化一定数量的迭代过程。硬件上并行化的迭代次数称为展开参数。不当的展开参数选择可能导致严重的硬件利用不足。以单个循环为例。假设循环的行程计数为 M，并行度为 m。硬件的利用率受到 $m/M\lceil M/m \rceil$ 的限制。如果 M 不能被 m 整除，则利用率小于 1。对于处理 NN 层，总利用率将是每个循环的利用率的乘积。

对于 CNN 模型，循环维度在不同层之间变化很大。对于像 ResNet[84] 这样的 ImageNet 分类中使用的典型网络，通道数从 3 到 2048 不等，特征图大小从 224 × 224 到 7 × 7 不等，卷积核大小从 7 × 7 到 1 × 1 不等。除了利用不足的问题外，循环展开还影响数据路径和片上存储器的设计。因此，循环展开策略是神经网络加速器设计的关键特征。

关于如何选择展开参数，人们提出了各种方法。Zhang 等人[133] 提出了展开输入通道和输出通道循环的想法，并通过设计空间探索选择优化的展开参数。与这两个循环一起，相邻迭代之间没有输入数据的交叉依赖性。因此，不需要多路复用器将数据从片上缓冲区路由到计算单元。但是并行性被限制为 7 × 64 = 448 个乘法器。对于较大的并行性，此解决方案很容易出现利用率不足的问题。Ma 等人[128] 通过允许特征图循环上的并行性，进一步扩展了设计空间。并行度达到 1 × 16 × 14 × 14 = 3136 个乘法器。移位寄存器结构用于将特征图像素路由到计算单元。

在上面的工作中没有选择卷积核循环，因为卷积核的大小变化很大。Motamedi 等人[134] 在 AlexNet 上使用卷积核展开。即使对 11 × 11 和 5 × 5 卷积核进行 3 × 3 展开，整体系统性能仍然达到卷积层峰值性能的 97.4%。对于某些网络，如 VGG[78]，仅使用 3 × 3 卷积核。展开卷积核循环的另一个原因是使用快速卷积算法实现加速。[123] 中的设计在 4 × 4 特征图和 3 × 3 卷积核上实现了完全并行的频域乘法。Lu 等人[126] 在 FPGA 上实现 Winograd 算法，该算法具有用于式（3.5）的专用流水线。6 × 6 特征图与 3 × 3 卷积核的卷积是完全并行的。

上述解决方案仅适用于单层。但是，对于整个网络来说，几乎没有一个通用的解决方案，尤其是当我们需要高并行性时。[104，135-136] 中的设计提出了完全流水线结构，每层都有一个流水线阶段。由于每层都由硬件的独立部分执行，并且每个部分都很小，因此很容易选择循环展开方法。这种方法消耗内存，因为特征图的相邻层之间需要"乒乓"缓冲区。具有二值化权重的激进设计 [118] 可以更好地适应 FPGA。[137] 中的设计也是类似的，但在 FPGA 集群上实现，以解决可扩展性问题。Shen 等人 [138] 和 Lin 等人 [139] 通过循环的行程计数对 CNN 的层进行分组，并将每组映射到一个硬件模块上。这些解决方案可以被视为展开批循环，因为不同的输入在不同的层流水线阶段上并行处理。[126] 中的设计实现了层内和不同层之间的并行批。

目前的大多数设计都遵循上述展开循环的方法之一。稀疏神经网络是一种特殊的设计。Han 等人 [108] 提出了用于稀疏长短期存储器（LSTM）网络加速的 ESE 架构。与处理密集网络不同，所有计算单元不会同步工作。这造成了在不同计算单元之间共享数据的困难。ESE[108] 仅在一层内实现输出通道（LSTM 中 FC 层的输出神经元）循环展开，以简化硬件设计和并行化批过程。

数据传输与片上存储器设计

除了高并行性之外，片上存储器系统还应该在每个周期有效地向每个计算单元提供必要的数据。为了实现高并行性，神经网络加速器通常在大量计算单元之间重用数据。简单地将数据广播到不同的计算单元会导致大量扇出和高路由成本，从而降低工作频率。Wei 等人 [140] 在设计中使用了脉动阵列结构。共享数据以链模式从一个计算单元传输到下一个计算单位。因此，数据不被广播，并且只需要不同计算单元之间的本地连接，缺点是延迟增加。循环执行顺序被相应地调度以覆盖延迟。[128,141] 也采用了类似的设计。

对于 GPU 上的软件实现，im2col 函数通常用于将 2D 卷积映射为矩阵向量乘法。这种方法产生了相当大的数据冗余，并且很难应用于有限的 FPGA 片上存储器。Qiu 等人 [90] 使用行缓冲区设计来实现仅具有两行重复像素的 2D 卷积的 3×3 滑动窗口函数。

3.5.3 系统设计

典型的基于 FPGA 的神经网络加速器系统如图 3.3 所示。整个系统的逻辑部分用蓝色方框表示。主机 CPU 向 FPGA 逻辑部分发出工作负载或命令，并监控其工作状态。在 FPGA 逻辑部分，控制器通常实现与主机通信，并向 FPGA 上的所有其他模块生成控制信号。控制器可以是 FSM 或指令解码器。如果从外部存储器加载的数据需要预处理，则动态逻辑部分可用于某些设计。该模块可以是数据排列模块、数据移位器 [90]、FFT 模块 [123]

等。由于 FPGA 芯片的片上 SRAM 与大型 NN 模型相比过于有限，因此在常见的设计中会使用两级存储器层次结构，即 DDR 和片上存储器。

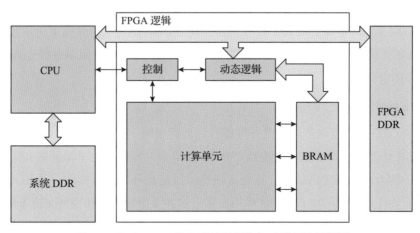

图 3.3   基于 FPGA 的典型神经网络加速器系统的框图

Roofline 模型

从系统层面来看，神经网络加速器的性能受到两个因素的限制：片上计算资源和片外存储器带宽。为了在一定的片外存储器带宽内实现最佳性能，研究者已经提出了各种方法。Zhang 等人 [133] 在他们的工作中引入了 Roofline 模型，以分析设计是内存受限还是计算受限的。Roofline 模型的示例如图 3.4 所示。

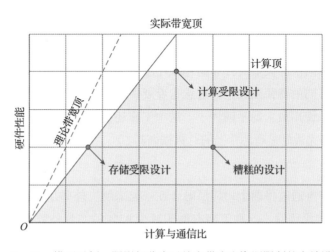

图 3.4   Roofline 模型示例。阴影部分表示给定带宽和资源限制的有效设计空间

该图使用计算与通信（CTC）比率作为 x 轴，使用硬件性能作为 y 轴。CTC 是一个单位大小的内存访问可以执行的操作数。每个硬件设计都可以被看作图中的一个点。因此 y/x 等于设计的带宽要求。目标平台的可用带宽是有限的，可以描述为图 3.4 中的理论带宽上限。但实际的带宽上限低于理论上限，因为 DDR 的可实现带宽取决于数据访问模式。顺序 DDR 访问实现了比随机访问高得多的带宽。另一个上限是计算上限，它受到 FPGA 上可用资源的限制。

循环平铺和交换

较高的 CTC 比率意味着硬件更有可能达到计算极限。根据 [142]，增加 CTC 比率也会减少 DDR 访问，从而显著节省能源。在 3.5.2 节中，我们讨论了循环展开策略，以提高并行性，同时减少特定网络的计算资源浪费。决定循环展开策略时，循环其余部分的调度决定了硬件如何使用片上缓冲区重用数据。这涉及循环平铺和循环交换策略。

循环平铺是循环展开的较高级别。循环平铺的所有输入数据都将存储在芯片上，循环展开硬件卷积核处理这些数据。较大的循环平铺大小意味着每个平铺从外部存储器加载到片上存储器的次数更少。循环交换策略决定了循环平铺的处理顺序。当硬件从一个平铺移动到下一个平铺时，会发生外部内存访问。相邻平铺可以共享一部分数据。例如，在 CONV 层中，相邻平铺可以共享输入特征图或权重。这是由循环的执行顺序决定的。

在 [128，133] 中，对所有可能的循环平铺大小和循环顺序进行了设计空间探索。许多设计也探索了设计空间，其中一些循环展开、平铺和循环顺序已经确定 [90, 134]。Shen 等人 [143] 还讨论了批并行性对不同层 CTC 的影响。这是以前工作中没有关注的循环维度。

以上工作给出了一个优化的循环展开策略和整个网络的循环顺序。Guo 等人 [92] 通过指令接口实现了不同层的灵活展开和循环顺序配置。片上缓冲区中的数据排列通过指令来控制，以适应不同的特征图大小。这意味着硬件总是可以充分利用片上缓冲区，根据片上缓冲区的大小使用最大的平铺大小。这项工作还提出了"来回"循环执行顺序，以避免在最内部循环完成时进行芯片上的总数据刷新。

跨层调度

Alwani 等人 [144] 通过将两个相邻层融合在一起来解决外部存储器访问问题，以避免两层之间的中间结果传输。这种策略有助于减少 95% 的芯片外数据传输，并额外增加 20% 的芯片上存储器成本。即使是软件程序也可以通过这种调度策略获得 2 倍的加速。Yu 等人 [145] 通过指令接口修改执行顺序，在单层加速器设计上实现了这一想法。

规则化数据访问模式

除了增加 CTC 之外，在一定的 CTC 比率下，增加实际带宽上限有助于提高可实现的性能。这是通过规范 DDR 访问模式来实现的。外部存储器中常见的特征图格式包括 NCHW 或 CHWN，其中 N 表示批次维度，C 表示通道维度，H 和 W 表示特征图的 y 和 x 维度。使用这些格式中的任何一种，特征图片（tile）都可以被切割成存储在不连续地址中的小数据块。Guan[106] 建议在设计中应使用通道优先存储格式。这种格式避免了数据重复，同时确保了长 DDR 访问突发。Qiu 等人 [90] 提出了一种特征图存储格式，该格式将 $H \times W$ 特征图排列为大小为 $r \times c$ 的 HW/rc 片。因此，写入突发大小可以从 $c/2$ 增加到 $rc/2$。

3.6　评估

在本节中，我们比较了先进的神经网络加速器设计的性能，并试图评估 3.4 节和 3.5 节中提到的技术。我们主要回顾了 2015 年至 2019 年在顶级 FPGA 会议（FPGA、FCCM、FPL、FPT）、EDA 会议（DAC、ASP-DAC、DATE、ICCAD）、架构会议（MICRO、HPCA、ISCA、ASPLOS）上发表的基于 FPGA 的设计。由于所采用的技术、目标 FPGA 芯片和实验的多样性，我们需要在比较的公平性和可以使用的设计数量之间进行权衡。在本章中，我们选择了带有整个系统实现的设计和在真实 NN 模型上进行实验的设计，并报告了速度、功率和能效。

表 3.4 列出了用于比较的设计。对于数据格式，"INT A/B"表示激活是 A 位定点数据，权重是 B 位定点数据。我们还调查了资源利用情况，并向加速器设计者和 FPGA 制造商提出了建议。除了基于 FPGA 的设计外，我们还绘制了 [92，108] 中使用的 GPU 结果，作为衡量 FPGA 设计性能的标准。

表 3.4　先进的神经网络加速器设计的性能和资源利用率

编号	参考文献	数据格式	速度（GOP/s）	功耗（W）	效率（GOP/J）	资源（%）			FPGA 芯片
						DSP	逻辑	BRAM	
1	[115]	1 位	329.47	2.3	143.2	1	34	11	XC7Z020
2	[117]	1 位	40770	48	849.38	–	–	–	GX1155
3	[116]	2 位	410.22	2.26	181.51	41	83	38	XC7Z020
4	[92]	INT8	84.3	3.5	24.1	87	84	89	XC7Z020
5	[146]	INT16/8	117.8	19.1	6.2	13	22	65	5SGSD8
6	[135]	INT16/8	222.1	24.8	8.96	40	27	40	XC7VX690T
7	[128]	INT16/8	645.25	21.2	30.43	100	38	70	GX1150

（续）

编号	参考文献	数据格式	速度（GOP/s）	功耗（W）	效率（GOP/J）	资源（%）DSP	逻辑	BRAM	FPGA 芯片
8	[108]	INT16/12	2520	41	61.5	54	89	88	XCKU060
9	[147]	INT16	12.73	1.75	7.27	95	67	6	XC7Z020
10	[90]	INT16	136.97	9.63	14.22	89	84	87	XC7Z045
11	[105]	INT16	229.5	9.4	24.42	92	71	83	XC7Z045
12	[107]	INT16	354	26	13.6	78	81	42	XC7VX690T
13	[106]	INT16	364.4	25	14.6	65	25	46	5SGSMD5
14	[104]	INT16	565.94	30.2	22.15	60	63	65	XC7VX690T
			431	25	17.1	42	56	52	XC7VX690T
15	[148]	INT16	785	26	30.2	53	8.3	30	XCVU440 XC7Z020+
16	[137]	INT16	1280.3	160	8	–	–	–	XC7VX690T × 6
17	[129]	INT16	1790	37.46	47.8	91	43	53	GX1150
18	[126]	INT16	2940.7	23.6	124.6	–	–	–	ZCU102
19	[141]	FP16	1382	45	30.7	97	58	92	GX1150
20	[103]	INT32	229	8.04	28.5	100	84	18	Stratix V
21	[149]	FP32	7.26	19.63	0.37	42	65	52	XC7VX485T
22	[133]	FP32	61.62	18.61	3.3	80	61	50	XC7VX485T
23	[123]	FP32	123.5	13.18	9.37	88	85	64	Stratix V
24	[129]	FP32	866	41.73	20.75	87	–	46	GX1150

位宽缩减

在所有设计中，基于 1 ～ 2 位的设计 [115-117] 显示出卓越的速度和能效。这表明极低的位宽是高性能设计的一个很有前途的解决方案。如前所述，线性量化的 1 ～ 2 位网络模型会遭受很大的准确率损失。进一步开发相关加速器用处不大。应该在模型上付出更多的努力。考虑到当前的硬件性能，即使以速度换准确率也是可以接受的。

除 1 ～ 2 位设计外，其余设计均采用 32 位浮点数据，或 8 位或 8 位以上的线性量化。根据 3.4.1 节中的结果，可以实现 1% 以内的准确率损失。因此，我们认为这些设计之间的比较在准确率上是公平的。通常采用 INT16/8 和 INT16。但这些设计之间的区别并不明显，这是因为 DSP 利用不足。INT16 相对于 FP32 的优势是显而易见的，除了 [129] 中使用了硬核浮点 DSP。这在一定程度上说明了充分利用片上 DSP 的重要性。

快速卷积算法

在所有 16 位设计中，[126] 借助 6 × 6 Winograd 快速卷积实现了最佳的能效和最快的速度，该卷积比 [129] 中的 16 位设计快 1.7 倍并且有 2.6 倍的能效提升。与 [133] 相比，[123] 中的设计实现了 2 倍的加速和 3 倍的能效提升，其中两种设计都使用 32 位浮点数据和 28nm 技术节点的 FPGA。与 3.5.1 节中介绍的理论 4 倍性能增益相比，仍有 1.3 ～ 1.5 倍的差距。由于卷积核大小的限制，并非所有层都可以使用最优化的快速卷积方法。

系统级优化

在大多数工作中，总体系统优化没有得到很好的解决。由于这也与 HDL 的设计质量有关，我们可以大致评估效果。在这里，我们比较了同一 XC7VX690T 平台上的三种设计 [104, 107, 135]，并试图评估其效果。除了 [135] 使用 8 位作为权重之外，所有三种设计都实现了 16 位定点数据格式。在任何工作中都没有使用快速卷积或稀疏性。尽管如此，[104] 的能效是 [135] 的 2 倍。它表明，系统级优化具有强大的效果，甚至可以与快速卷积算法相媲美。

我们还调查了表 3.4 中设计的资源利用情况。考虑了三种资源（DSP、BRAM 和逻辑）。我们绘制了图 3.5 中的设计，使用两个利用率作为 x 和 y 坐标。我们画出每个图的对角线，以显示设计对硬件资源的偏好。BRAM-DSP 图显示了 DSP 相对于 BRAM 的明显偏好。与逻辑相比，DSP 上也出现了类似的偏好。这表明当前的 FPGA 设计更有可能是计算受限的。针对神经网络应用的 FPGA 制造商可以相应地调整资源分配。相比之下，对逻辑和 BRAM 的偏好似乎是随机的。一种可能的解释是，一些设计者同时使用逻辑和 DSP 来实现高并行性，而一些设计者更喜欢只使用 DSP 来实现较高的工作频率。

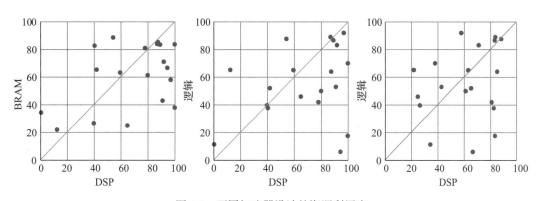

图 3.5　不同加速器设计的资源利用率

与 GPU 的比较

通常，基于 FPGA 的设计实现了与具有 10 ～ 100GOP/J 的 GPU 相当的能效。但是

GPU 的速度仍然超过了 FPGA。扩大基于 FPGA 的设计仍然是一个问题。Zhang 等人 [137] 提出了使用 16 位定点计算的基于 FPGA 集群的解决方案。但是能效比其他 16 位定点设计差。

在这里，我们估计理想设计的可实现速度。我们使用 [126] 中的 16 位定点设计作为基线，这是最好的 16 位定点设计，具有最高的速度和能效。根据 3.4.1 节的分析，可以采用 8 位线性量化，利用 1 个 DSP 作为 2 个乘法器，实现了 2 倍的加速和更好的能效。双频优化使系统速度进一步提高了 2 倍。考虑一个稀疏模型，该模型类似于 [108] 中的模型，具有 10% 的非零值。我们可以估计与 [108] 类似的 6 倍改进。一般来说，可以实现大约 24 倍的加速和 12 倍的能效，这意味着在大约 50W 的情况下 72TOP/s 的速度。这表明在 FPGA 上可以实现比 GPU 上的 32 位浮点处理高 10 倍以上的能效。

剩下的问题是，所有的技术——双 MAC、稀疏化、量化、快速卷积和双频设计——能很好地协同工作吗？修剪 2D 卷积核中的单个元素对于快速卷积没有用处，因为 2D 卷积核总是作为一个整体进行处理。直接整体修剪 2D 卷积核可能会有所帮助。但据报道，这种方法的准确度低于 [150] 的细粒度修剪。处理稀疏网络的不规则数据访问模式和并行性的提高也给存储系统和调度策略的设计带来了挑战。

3.7   小结

神经网络是机器人感知的重要组成部分，也是机器人感知的主要性能瓶颈。在本章中，我们回顾了先进的神经网络加速器设计，并总结了所使用的技术。我们已经证明，通过软硬件协同设计，FPGA 可以实现比先进的 GPU 高 10 倍以上的速度和能效。这验证了 FPGA 是一种很有前途的神经网络加速候选方案。我们还回顾了加速器设计自动化所使用的方法，这表明当前的开发流程可以实现高性能和高吞吐量。然而，未来的发展有两个方向。一方面，极窄位宽的量化受到模型准确率的限制，需要进一步的算法搜索。另一方面，将所有技术结合起来需要在软件和硬件方面进行更多的研究，以使它们能够很好地协同工作。包括 DNNDK[151] 在内的商业工具正在迈出第一步，但仍有很长的路要走。扩大设计规模也是一个问题。我们将专注于解决这些挑战。

感知——立体视觉

感知与许多涉及传感数据和人工智能技术的机器人应用有关。感知的目标是感知机器人周围的动态环境，并根据感知数据构建该环境的可靠且详细的表示。由于后续所有的定位、规划和控制都依赖于正确的感知输出，因此其重要性怎么强调都不为过。感知模块通常包括立体匹配、物体检测、场景理解、语义分类等。机器学习，特别是深度学习的最新发展，使机器人感知系统面临更多的任务，这些任务已在上一章中讨论过。在本章中，我们将重点讨论立体视觉系统中的算法和 FPGA 实现，该系统是机器人感知阶段的关键组件之一。

4.1 机器人的感知

本节概述了基于几何的机器人感知阶段。作为机器人应用的核心组件，感知被理解为使机器人能够感知、理解和推理周围世界的系统。一般来说，感知阶段包括物体检测、物体分割、立体流、光流和物体跟踪模块。

检测

物体检测是计算机视觉和机器人技术中的一个基本问题。出于性能和安全原因，快速可靠的物体检测至关重要。传统上，检测流水线从输入图像的预处理开始，然后是感兴趣区域检测器，最后是输出检测到的物体的分类器。一方面，物体检测器需要提取可以区分不同物体类别的独特特征。另一方面，它需要构造不变的物体表示，使检测可靠。

合格的物体检测器需要在各种条件下对物体的外观和形状进行建模，研究者已经提出了许多算法来解决这个问题。2005 年，Dalal 和 Triggs[152] 提出了一种基于方向直方图（HOG）和支持向量机（SVM）的算法。整个算法如图 4.1 所示，它对输入图像进行预处理，在滑动检测窗口上计算 HOG 特征，并使用线性 SVM 分类器进行检测。该算法通过专门设计的 HOG 特征来捕捉物体外观，并依靠线性 SVM 来处理高度非线性的物体铰接。

图 4.1 基于 [152] 的 HOG+SVM 检测算法框图

由于非刚性形状的复杂外观，铰接式物体具有挑战性。Felzenszwalb 等人 [153] 提出的可变形零件模型（DPM）将物体分割成更简单的部分，以便 DPM 可以通过组合更易于管理的部分来表示非刚性物体。这减少了整个物体的外观建模所需的训练示例的数量。DPM 使用 HOG 特征金字塔构建多尺度物体假设、零件配置约束的空间星座模型以及潜在 SVM，以处理零件位置等潜在变量。

分割

分割被认为是物体检测的自然增强，这一问题需要在实际机器人中充分解决。我们需要将摄像机图像解析为有意义的语义片段，使机器人能够对其环境有结构化的理解。

传统上，语义分割被表述为图标记问题，图的顶点是像素或超像素。可以使用图模型的推理算法，例如条件随机场（CRF）[154-155]。在这种方法中构建了 CRF，其中顶点代表像素或超像素（图 4.2）。每个节点都可以从预定义的集合中获取标签，以在相应图像位置提取的特征为条件。这些节点之间的边表示空间平滑度、标签相关性等约束。

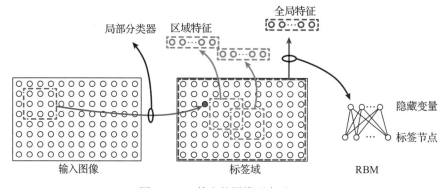

图 4.2 He 等人的图模型表示 [154]

然而，当图像尺寸、输入特征数或标签集大小增加时，CRF 会变慢，并且难以捕获图像中的远程依赖性。[156] 中提出了一种高效的推理算法，以提高所有像素对之间具有成对势位（potential）的全连接 CRF 的速度，其他算法 [157] 旨在合并物体类的共现（incorporate co-occurrence）。本质上，语义分割需要利用多尺度图像特征和上下文推理来预测密集类标签。

立体流和光流

机器人在 3D 世界中移动，因此对深度等 3D 空间信息的感知是必不可少的。类似于人类用两只眼睛享受 3D 视觉感知的方式，我们可以通过立体摄像机以稍微不同的角度同时拍照来获得深度信息。

给定来自立体摄像机的图像对（I_l，I_r），立体本质上是一个对应问题，其中左图像 I_l 中的像素基于成本函数与右图像 I_r 中的像素匹配。

假设相应的像素映射到相同的物理点，因此具有相同的外观：

$$I_l(p)=I_r(p+d)$$

其中 p 是左图像中的位置，d 是视差（disparity）。

光流 [158] 被定义为两个图像之间强度的 2D 运动，这与物理世界中的 3D 运动相关但又不同。它依赖于相同的外观恒定假设：

$$I_t(p)=I_{t+1}(p+d)$$

在立体视觉中，图像对是同时拍摄的。几何形状是造成差异的主要原因，而外观恒定性最有可能成立。在光流中，图像对的拍摄时间略有不同，运动只是许多变化因素之一，例如照明、反射、透明度等。

跟踪

跟踪负责估计物体状态，例如随时间变化的位置、速度和加速度。以自动驾驶汽车为例，它们必须跟踪各种交通参与者以保持安全距离并预测车辆及行人的轨迹。

传统上，跟踪被表述为顺序贝叶斯过滤问题。

1. 预测步骤：给定前一个时间步的物体状态，使用描述物体状态时间演化的运动模型来预测当前时间步的物体状态。

2. 校正步骤：给定当前时间步的预测物体状态以及来自传感器的当前观察，使用表示如何由物体状态确定观察的观察模型，计算当前时间物体状态的后验概率分布。

3. 这个过程递归地进行。

4.2　机器人的立体视觉

本节简要介绍机器人应用中一般感知阶段的模块功能和问题制定。在不失一般性的情况下，我们下一步的目标是提供关于立体视觉系统（感知流水线的重要模块）的先进算法及其基于 FPGA 的加速器设计的整体视图。

实时且鲁棒的立体视觉系统越来越流行并广泛应用于许多应用中,例如机器人导航、避障 [159] 和场景重建 [160-162]。立体视觉系统的目的是利用立体测距技术获取场景的 3D 结构信息。该系统通常有两个摄像机,可以在同一场景中从两个角度捕获图像。我们可以使用立体匹配算法搜索两个立体图像中相应像素之间的视差,然后根据该视差的倒数计算深度信息。

在整个立体视觉流程中,立体匹配是瓶颈和耗时的阶段。立体匹配算法主要分为两类:局部算法 [163-169] 和全局算法 [170-174]。局部方法仅通过处理和匹配窗口内感兴趣点周围的像素来计算视差。它们速度快、计算成本低,并且缺乏像素依赖性,因此适合并行加速。然而,它们可能会在无纹理区域和遮挡区域中受到影响,从而导致视差估计不正确。

相反,全局方法通过匹配所有其他像素并最小化全局成本函数来计算视差。它们可以达到比局部方法高得多的精度。然而,由于其大量且不规则的内存访问以及算法的顺序性质,它们往往会产生较高的计算成本,并且需要更多的资源,因此不适合实时和低功耗应用。

半全局匹配(SGM)[175] 介于局部方法和全局方法之间。它是一种全局方法,具有沿每个像素处的几条一维线计算的能量函数项和平滑项。SGM 理论上是合理的 [176],而且速度也相当快 [177]。

4.3   FPGA 上的局部立体匹配

4.3.1   算法框架

一般来说,局部立体视觉算法的实现分为以下四个步骤:初始成本计算、成本聚合、视差计算和后处理。算法框图如图 4.3 所示。

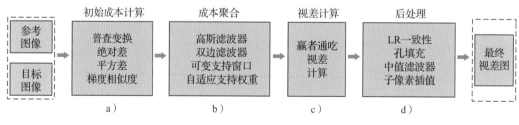

图 4.3   立体视觉系统框图

步骤 1:初始成本计算。计算左图像中的参考像素与右图像中的一组候选像素在定义的视差范围内的差异值(图 4.3a)。人们提出了许多算法来衡量成本,例如绝对差和(Sum of Absolute Differences，SAD）[178]、平方差和（Sum of Squared Differences，SSD）[179]、归一化互相关（Normalized Cross-Correlation，NCC）[180] 和普查变换（Census Transform，CT）[181]。

　　步骤 2：成本聚合。 将初始成本在基于交叉的变量支持区域中进行聚合，这可以通过先水平聚合再垂直聚合来执行。近年来，人们提出了许多成本聚合策略。最直接的方法是使用固定大小的卷积核的低通滤波，例如盒式滤波器、二项式滤波器或高斯滤波器。针对各种窗口大小，研究者进一步提出了基于可变支持窗口（Variable Support Window，VSW）[182] 和自适应支持权重 [183]（Adaptive Support Weight，ASW）的方法。成本可以在局部或全局进行评估（图 4.3b）。

　　步骤 3：视差计算。 聚合后，通过赢者通吃（Winner-Takes-All，WTA）方法选择最佳视差（图 4.3c）。

　　步骤 4：后处理。 视差图进一步细化。后处理通常由异常值检测、异常值处理和子像素插值组成。最后，采用子像素插值方法来提高视差图的精度（图 4.3d）。

　　图 4.4 显示了视差计算过程中的立体匹配窗口。为了估计局部立体匹配方法中的视差，将左图像像素 p 的周围像素与右图像像素 q 进行比较，其中 q 已在候选视差上平移了 δ_p。对于每个像素 p，对 N 个候选视差 $(\delta_p^1, \delta_p^2, \cdots, \delta_p^N)$ 进行测试（对于 8 位和 16 位深度图，分别为 $N=256$ 和 65 536），并且将导致最低匹配成本的候选视差分配给像素 p。

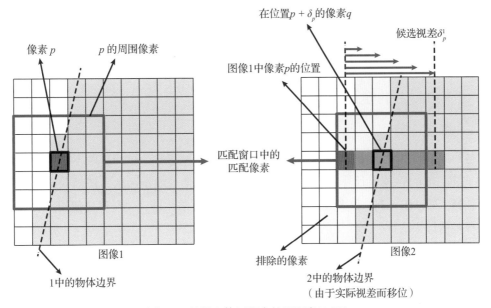

图 4.4　局部立体匹配中的匹配窗口 [184]

4.3.2 FPGA 设计

局部算法通常基于相关性。一些局部立体视觉算法由于其高度灵活性而适合软件设计，使得快速算法更新和验证测试成为可能。然而，它们无法利用大规模计算并行性，并且它们的执行时间通常高于硬件实现。此外，对于给定的局部立体视觉算法，在通用处理器上运行的软件设计通常会消耗大量功率，这为在功率受限的边缘设备上的部署带来了挑战。最近，许多致力于加速局部立体视觉系统的硬件设计被提出并实现。

Jin 等人[185] 开发了一种基于 640×480 分辨率图像的普查等级变换匹配成本的实时立体视觉系统。Zhang 等人[186] 提出了一种基于小型普查变换和基于交叉的成本聚合的 FPGA 上的实时高清立体匹配设计，该设计在 1024×768 像素立体图像下实现了 60FPS。Honegger 等人[187] 的实现基于块匹配在 376×240 像素分辨率和 32 个视差级别下实现了 127FPS。Jin 等人[188] 通过应用快速局部一致的密集立体函数和成本聚合，实现了 640×480 分辨率图像的 507.9FPS。Werner 等人[189] 介绍了一种使用 NCC 算法的高清立体系统，该系统在 60 个视差评估的情况下可实现 30FPS 的高清图像。Mattoccia 等人[190] 提出了一种基于普查算法的 Xilinx Spartan-6 FPGA 上的低成本立体系统，其视频图形阵列（VGA）的分辨率达到 30FPS，视差范围为 32。Sekhar 等人[191] 在 Xilinx Zynq ZC702 SoC 板中实现 SAD 算法，并在 99 个视差级别的 640×360 分辨率下实现了 30FPS。Perri 等人[192] 提出了一种新颖的面向硬件的立体视觉算法和适用于基于异构 SoC FPGA 的嵌入式系统的具体实现。该设计具有多个硬件–软件分区的特征，并同时采用 HLS 和 VHDL 级描述。此实现对于 640×480 分辨率的立体对可实现 101FPS。

4.4　FPGA 上的全局立体匹配

4.4.1　算法框架

与局部算法相比，全局算法基于显式平滑度假设。通常，全局算法不执行成本聚合步骤（图 4.3b），但视差计算步骤（图 4.3c）最小化了全局成本函数，该函数结合了初始成本计算步骤（图 4.3a）和平滑度的数据项。与局部算法不同，全局算法使用所有其他像素的视差估计来估计一个像素的视差。

与局部算法相比，全局算法可以提供更高的准确率和高质量的视差图，但是它们通常通过高计算密集型优化技术或大规模卷积神经网络进行处理，这使得它们难以在资源有限的嵌入式系统上部署，用于实时应用。它们通常依赖于多核 CPU 或 GPU 平台的高端硬件资源来执行。

4.4.2 FPGA 设计

研究者已经提出了几种硬件架构设计来加速全局算法。Yang 等人[193] 提出了一种计算复杂度相对较低的树结构全局算法。树形滤波器在 CPU 上实现，对于视差级别为 16 的 384×288 分辨率图像实现了 20FPS。由于计算复杂度较低，使用 FPGA 的并行架构可以显著加速该算法。

Park 等人[194] 提出了一种基于 FPGA 的网格立体匹配系统，具有较低的错误率，并在 320×240 分辨率和 128 个视差级别下实现了 30FPS。Sabihuddin 等人[195] 实现了基于动态规划最大似然（DPML）的硬件架构，用于密集双目视差估计，并在 640×480 像素分辨率和 128 个视差级别下实现了 63.54FPS。Jin 等人[196] 的设计采用树形结构的动态规划方法，在 640×480 分辨率下实现了 58.7FPS 以及较低的错误率。Zha 等人[172] 在 FPGA 平台上采用基于块的交叉树全局算法，该算法是完全流水线化的且并行化所有模块，该设计可以以 30FPS 生成具有 60 个视差级别的 1920×1680 分辨率的高精度视差图像。Puglia 等人[173] 在 FPGA 上实现了 DNA 序列比对的动态规划算法，该设计达到了 1024×768 像素、64 个视差级别和 30FPS 的处理能力，片上功耗仅为 0.17W，可用于关键和电池依赖型应用。Kamasaka 等人[197] 提出了一种并行处理友好的图切割算法及其 FPGA 实现，用于加速全局立体视觉，其中通过解决 3D 网格图的最小切割问题来估计物体表面。与 $12 \times 12 \times 7$ 节点图的图形切割通用软件库的 CPU 执行相比，该设计实现了 166 倍的加速。

4.5 FPGA 上的半全局匹配

4.5.1 算法框架

半全局匹配（SGM）弥合了局部方法和全局方法之间的差距，并在准确性方面取得了显著的提高。SGM 通过比较局部像素来计算初始匹配视差，然后通过全局优化来近似图像范围的平滑度约束，通过这种组合可以获得更鲁棒的视差图。在硬件上实现 SGM 面临几个关键挑战，例如数据依赖性、高复杂性和大存储量，因此这是一个活跃的研究领域，最近的工作提出了 SGM 的 FPGA 友好变体[177, 190, 198–200]。

4.5.2 FPGA 设计

当前使用通用处理器实现的 SGM 算法由于功耗较高，不适合实时边缘应用。因此，基于 FPGA 的硬件解决方案因其优异的性能和低功耗而前景广阔。然而，在 FPGA 上实现 SGM 方法存在两个主要挑战。一方面，SGM 方法的优化步骤中的数据依赖性涉及大量中间数据的存储。另一方面，数据的访问和处理方式不规则，这会阻碍硬件的高效执行。

　　考虑到这些实现挑战，人们提出了几种基于 FPGA 的硬件解决方案来加速 SGM 方法。Banz 等人[200]提出了一种用于 SGM 视差估计的基于脉动阵列的硬件架构以及 SGM 的二维并行化概念。该设计在 Xilinx Virtex-5 FPGA 平台上以 128 视差范围的 640×480 像素图像实现了 30FPS 的性能。Wang 等人[198]实现了一个完整的基于 FPGA 的实时硬件系统，支持绝对差异普查成本初始化、基于交叉的成本聚合和半全局优化。图 4.5 展示了所提出的立体匹配模块的总体结构和半全局优化模块的详细结构。在 Altera Stratix-IV FPGA 平台上，该系统在分辨率为 1024×768、96 个视差级别的情况下达到 67FPS；在 Altera Stratix-V FPGA 平台上，该系统在分辨率为 1600×1200、128 个视差级别的情况下达到 42FPS。

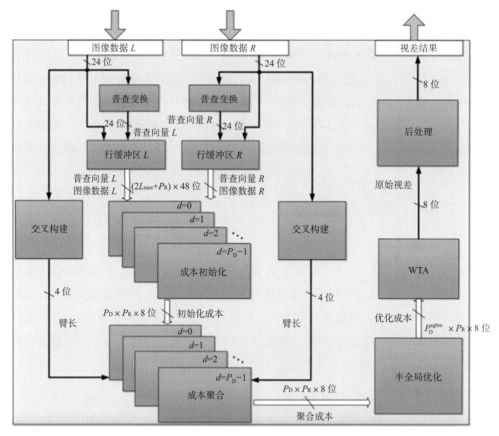

a）Wang 等人提出的立体匹配模块的总体结构[198]

图 4.5　半全局立体匹配计算框图及其基于 FPGA 的硬件架构设计[198]

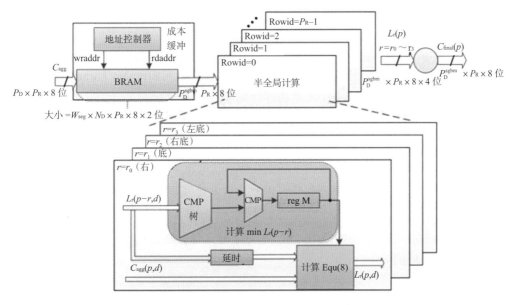

b）Wang 等人 [198] 设计的半全局优化模块的结构

图 4.5 （续）

Cambuim 等人 [201] 的设计使用基于 Cyclone IV FPGA 平台的 SGM 的可扩展脉动阵列架构，它在 1024 × 768 像素高清分辨率和 128 个视差级别下实现了 127FPS 的图像传输速率。该设计的关键点是将视差和多级并行性（例如图像行处理）相结合，以处理 SGM 中的数据依赖性和不规则数据访问模式问题。后来，为了提高 SGM 的鲁棒性并实现更准确的立体匹配，Cambuim 等人 [202] 结合了预处理阶段采样不敏感的绝对差，并提出了一种新颖的流架构来检测后处理阶段中的噪声和遮挡区域。他们使用两个异构平台 DE2i-150 和 DE4 在完整立体视觉系统中评估该设计，并在 1024 × 768 高清地图和 256 个视差级别下实现了 25FPS 的处理速度。

虽然 FPGA 上的大多数现有 SGM 设计都是使用寄存器传输级（RTL）实现的，但有些工作利用了高级综合（HLS）方法。Rahnama 等人 [203] 使用 HLS 在 FPGA 上实现 SGM 变体，在 1242 × 375 像素和 128 个视差级别下实现了 72FPS 的速度。为了减少设计工作量并在速度、精度和硬件成本之间取得适当的平衡，Zhao 等人 [204] 提出了 FP-Stereo，用于在 FPGA 上自动构建高性能 SGM 流水线。该系统应用了一系列优化技术来利用并行性并减少资源消耗。与 GPU 设计 [205] 相比，它以具有竞争力的速度实现了相同的精度，同时消耗的能量少得多。

4.6 FPGA 上的高效大规模立体匹配

4.6.1 ELAS 算法框架

另一种流行的立体匹配算法是高效大规模立体匹配（Efficient Large-Scale Stereo Matching，ELAS）[206]，它在速度和准确性之间提供了良好的权衡。ELAS 是一种使用贝叶斯方法的生成概率模型，它可以通过减少对应关系的模糊性来实现小聚合窗口的密集匹配。它在一组对应关系上形成三角剖分，在视差空间上建立先验，其估算较为简单，可信度较高。这些对应关系提供了场景几何形状的粗略近似，并指导密集匹配阶段。ELAS 很有吸引力，因为倾斜平面先验可以非常有效地实现，并且密集深度估计可以在所有像素上完全分解。

图 4.6 展示了 ELAS 算法的框图。ELAS 基于的主要思路是并非所有的对应关系都同样难以获取。具体步骤如下。

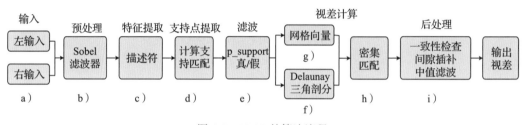

图 4.6　ELAS 的算法流程

预处理和描述符提取。输入立体图像对（左图像和右图像），首先通过水平和垂直梯度上的 Sobel 滤波器来提取每个像素的描述符信息（图 4.6a ~ c）。

支持点提取。使用描述符信息计算一组稀疏但置信的对应关系（支持点）。通过比较视差范围内 SAD 评估的第一和第二最小值之间的距离来获得支持点集。仅保留具有足够明确视差值的像素，因此结果集是稀疏的（图 4.6d）。

滤波。通过将支持点值与窗口区域内的相邻点进行比较，移除所获得的两种类型的支持点。不一致的不可信值会分别破坏表示，并被过滤掉。与同一行或同一列中的邻居相同且不必要地使粗略表示复杂化的冗余值也被删除（图 4.6e）。

视差计算。滤波后的支持点用于以两种不同的方式指导密集立体匹配。首先，通过 Delaunay 三角剖分，在粗略场景几何近似之前构建一个斜面。其次，在一个子区域内对它们进行聚合和池化，以创建网格向量，从而使立体匹配更加可靠（图 4.6f ~ h）。

后处理。ELAS 使用多种后处理技术，例如左右一致性检查、间隙插值、中值滤波和小片段去除，以使被遮挡的像素无效并进一步平滑图像（图 4.6i）。

4.6.2　FPGA 设计

ELAS 很有吸引力，因为倾斜平面先验是分段线性的，并且在存在倾斜和纹理不良的表面时不会受到影响，从而减小了搜索空间。然而，在 ELAS 流水线中，通过支持点三角化来近似粗略场景几何是一个高度迭代和顺序的过程，具有不可预测的内存访问模式，阻碍了整个流水线的加速。

为了更有效地执行 ELAS，Rahnama 等人 [207] 提出并实现了 ARM+FPGA 片上系统（SoC），它实现了 47FPS 的帧速率（与高端 CPU 相比快约 30 倍），同时功耗低于 4W。在此设计中，计算密集型任务、支持点提取、滤波和密集匹配被卸载到 FPGA 加速器，而条件和顺序任务、Delaunay 三角剖分和网格向量提取则由 ARM CPU 处理。块 RAM 和本地存储器的组合用于实现更高的并行性并减少数据移动。作者还提出了通过协作利用不同的计算组件来加速低功耗实时系统的复杂且计算多样化的算法的策略。

Rahnama 等人 [208] 提出了一种新颖的立体方法，该方法结合了 SGM 和基于 ELAS 的方法的最佳特征，可以实时计算高精度的密集深度。首先，他们使用 Fast R³SFM（一种快速 SGM 变体 [203]）的多个阶段、左右一致性检查和抽取来获得稀疏但准确的视差图集。然后，这些对应关系被用作 ELAS 的支持点，从倾斜平面获得视差先验。最后，这些视差先验被纳入最终的基于 SGM 的优化中，以产生高精度的鲁棒密集预测。该方法在 KITTI 2015 数据集上以超过 50 FPS 的速度实现了 8.7% 的错误率，而功耗仅为 4.5W。

Gao 等人 [209] 进一步提出了一种完全基于 FPGA 的 ELAS 系统架构 iELAS，而不是在 [207] 中使用的 ARM CPU 上卸载网格向量和 Delaunay 三角剖分模块。iELAS 将原来计算量大、不规则的三角化模块通过点插值进行有规律的改造，更加硬件友好。iELAS 的算法流程如图 4.7 所示。提取支持点后，添加插值模块以导出一组新的具有固定数量和坐标的支持点，这有利于倾斜平面的构造。使用邻域内支持点的视差值进行插值以填充空缺位置。详细步骤如下。

水平插值。对于要插值的位置 s，首先在 $(s - s_\delta, s + s_\delta)$ 窗口内搜索水平方向的支持点。如果两侧有支持点 (P_L, P_R) 且其视差值 $|D_{P_L} - D_{P_R}| \leqslant \epsilon$，则使用 (D_{P_L}, D_{P_R}) 的均值进行插值。如果 $|D_{P_L} - D_{P_R}| > \epsilon$，则选择 $\min(D_{P_L}, D_{P_R})$ 进行插值。

垂直插值。如果在水平方向上没有找到支持点对 (P_L, P_R)，则在垂直方向上搜索并找到 (P_T, P_B)，使用与水平插值相同的方法进行插值。

常数插值。如果水平和垂直方向都没有找到支持点对，则在位置 s 处填充一个恒定的视差值 C。

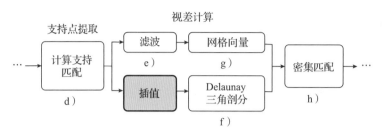

a）插值 ELAS 算法流程，原始 ELAS 算法流程如图 4.6 所示

b）支持点插值示例（$s_\delta=5$，$\epsilon=3$，$C=0$）。红色代表水平插值，蓝色代表垂直插值，绿色代表常数插值

图 4.7   插值 ELAS（iELAS）实现的算法框图和实例 [209]

按照这个过程，我们在图 4.7b 中展示了一个支持点插值的示例，其中 $s_\delta=5$，$\epsilon=3$，$C=0$。

评估结果表明，与 ARM+FPGA[207] 和 Intel i7CPU 相比，iELAS 的帧速率分别提高了 3.32 倍和 38.4 倍，能源效率提高了 1.13 倍和 27.1 倍。

4.7   评估和讨论

4.7.1   数据集和准确性

事实证明，为特定问题提供足够数量样本的数据集是促进许多领域的解决方案改进的重要催化剂。基于定量评估，它们有助于算法的快速迭代，暴露潜在的弱点，并实现公平的比较。在立体视觉系统中，两个常用的数据集是 Middlebury[210] 和 KITTI[211]。

Middlebury 数据集

Middlebury 数据集由微软研究院于 2001 年开发。该项目的目标有两个：提供现有立体算法的分类法，允许对各个算法组件的设计决策进行剖析和比较；为立体算法的定量评估提供测试平台。图 4.8 展示了来自 Middlebury 数据集的示例基准图像，更多细节可以在 [210, 212] 中找到。

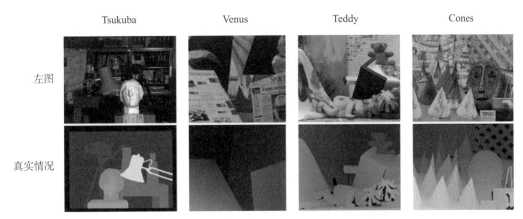

图 4.8　来自 Middlebury 的标准基准测试数据集 [213]

KITTI 数据集

KITTI 数据集是卡尔斯鲁厄理工学院和芝加哥丰田技术研究所于 2012 年联合开展的项目。该项目的目的是收集真实且具有挑战性的自动驾驶数据集。完整的 KITTI 数据集由立体和光流数据、视觉里程计数据、物体检测和方向数据、物体跟踪数据和道路解析数据组成。KITTI 数据集由 200 个训练场景和 200 个测试场景组成。更多细节可以在 [211] 中找到。

评估

上述一些 FPGA 实现的深度质量在 Middlebury Benchmark 上进行评估，使用四个图像对：Tsukuba、Venus、Teddy 和 Cones（图 4.8）。结果总结在表 4.1 中，表明准确率和处理速度之间存在普遍的权衡。

采用的评价指标是"不良匹配像素的百分比"（表 4.1 中的"平均误差"栏）。可以根据已知的真实情况图 $d_T(x, y)$ 和计算出的深度图 $d_C(x, y)$ 进行计算：

$$B = \frac{1}{N} \sum_{(x,y)} (|d_C(x, y) - d_T(x, y)| > \delta_d)$$

其中 N 是像素总数，δ_d 是视差误差容限。

表 4.1　不同设计在 Middlebury Benchmark 上的性能（MDE/s）和准确率结果比较，其中 MDE/s = 宽度 × 高度 × FPS × 视差（平均误差（误差）越低，立体匹配性能越好）

设计	MDE/s	Tsukuba			Venus			Teddy			Cones			平均误差
		nonocc[1]	all[2]	disc[3]	nonocc	all	disc	nonocc	all	disc	nonocc	all	disc	
[214]	15437	-	24.5	-	-	15.7	-	-	15.1	-	-	14.1	-	all=17.3
[215]	13076	3.62	4.15	14.0	0.48	0.87	2.79	7.54	14.7	19.4	3.51	11.1	9.64	7.65
[198]	10472	2.39	3.27	8.87	0.38	0.89	1.92	6.08	12.1	15.4	2.12	7.74	6.19	5.61
[188]	9362	1.66	2.17	7.64	0.4	0.6	1.95	6.79	12.4	17.1	3.34	8.97	9.62	6.05
[185]	4522	9.79	11.6	20.3	3.59	5.27	36.8	12.5	21.5	30.6	7.34	17.6	21.0	17.2
[186]	3020	3.84	4.34	14.2	1.2	1.68	5.62	7.17	12.6	17.4	5.41	11.0	13.9	8.2
[200]	1455	4.1	-	-	2.7	-	-	11.4	-	-	8.4	-	-	nonocc=6.7
[196]	590	1.43	2.51	6.6	2.37	2.97	13.1	8.11	13.6	15.5	8.12	13.8	16.4	8.71

注：1. nonocc：非遮挡区域中不良像素的平均百分比。
2. all：所有区域中不良像素的平均百分比。
3. disc：不连续区域中不良像素的平均百分比。

4.7.2　功率和性能

表 4.2 总结了一些基于目标算法的立体视觉 FPGA 设计的性能、功率和资源利用率。这些系统的处理速度以 FPS 来描述，更有意义的是，以每秒百万视差估计为单位（MDE/s = 高度 × 宽度 × 视差 ×FPS）。

表 4.2　FPGA 平台上立体视觉系统的比较，包括局部立体匹配、全局立体匹配、半全局立体匹配（SGM）和高效大规模立体匹配（ELAS）算法。每个设计中报告的结果均通过帧速率（FPS）、图像分辨率（宽 × 高）、视差级别、每秒百万视差估计（MDE/s）、功率（W）、资源利用率（逻辑 % 和 BRAM%）和硬件平台进行评估

算法	参考文献	帧速率（FPS）	图像分辨率（宽 × 高）	视差级别	MDE/s	功率（W）	资源利用率（%）逻辑 /BRAM
局部立体匹配	Jin et al. [185]	230	640 × 480	64	4522	–	34.0/95.0
	Zhang et al. [186]	60	1024 × 768	64	3020	1.56	61.8/67.0
	Honegger et al. [187]	127	376 × 240	32	367	2.8	49.0/68.0
	Jin et al. [188]	507.9	640 × 480	60	9362	3.35	81.0/39.7
全局立体匹配	Park et al. [194]	30	320 × 240	128	295	–	–/–
	Sabihuddin et al. [195]	63.54	640 × 480	128	2498	–	23.0/58.0
	Jin et al. [196]	32	640 × 480	60	590	1.40	72.0/46.0
	Zha et al. [172]	30	1920 × 1680	60	5806	–	84.8/91.9
	Puglia et al. [173]	30	1024 × 768	64	1510	0.17	57.0/53.0
半全局立体匹配	Banz et al. [200]	37	640 × 480	128	1455	2.31	51.2/43.2
	Wang et al. [198]	42.61	1600 × 1200	128	10472	2.79	93.9/97.3
	Cambuim et al. [201]	127	1024 × 768	128	12784	–	–/–
	Rahnama et al. [203]	72	1242 × 375	128	4292	3.94	75.7/30.7
	Cambuim et al. [202]	25	1024 × 768	256	5033	6.5	50.0/38.0
	Zhao et al. [204]	147	1242 × 375	64	4382	9.8	68.7/38.7
ELAS	Rahnama et al. [207]	47	1242 × 375	–	–	2.91	11.9/15.7
	Rahnama et al. [208]	50	1242 × 375	–	–	5	70.7/8.7

将表 4.2 中的立体视觉系统设计绘制为图 4.9 中的点。我们使用 $\log_{10}(power)$ 作为 x 坐标，使用 $\log_{10}(speed)$ 作为 y 坐标，$y-x=\log_{10}(energy\_efficiency)$。除了基于 FPGA 的实现之外，我们还绘制了 GPU 和 CPU 实验结果，以与 FPGA 设计的性能进行比较。一般来说，局部和半全局立体匹配设计比全局立体匹配设计实现了更高的性能和能源效率。正如 4.4 节中介绍的，全局立体匹配算法通常涉及大量计算密集型优化技术。即使对于相同的设计，不同的设计参数（例如，窗口尺寸）也可能导致能源效率相差 10 倍。与基于 GPU 和 CPU 的设计相比，基于 FPGA 的设计实现了更高的能效，而且许多 FPGA 实现的速度已经超过了通用处理器。

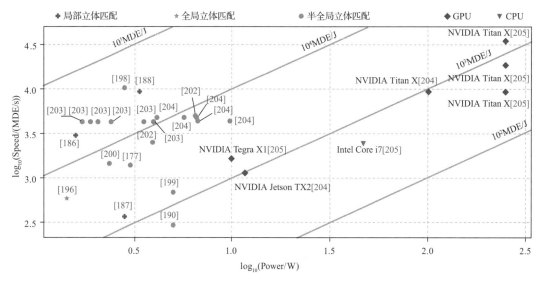

图 4.9　感知任务的不同设计在功率（W）和性能（MDE/s）的对数坐标上的比较

4.8　小结

在本章中，我们回顾了机器人感知中的各种立体视觉算法及其 FPGA 加速器设计，并分析了整个计算流水线。我们总结了几种设计技术，用于根据表征结果加速计算瓶颈。根据评估结果，通过仔细的算法 – 硬件协同设计，FPGA 可以实现比先进的 GPU 和 CPU 高两个数量级的能效和性能。这表明 FPGA 是加速立体视觉系统的有前途的候选方案。

两个潜在的方面可以进一步优化。一方面，当前大多数设计都加速了关键的计算密集型立体视觉核心，但没有考虑端到端系统的影响。例如，图像数据预处理和移动通常会在整个处理流程中占用大量计算时间，并且会影响感知性能。近传感器计算是一种有希望的改进方法。另一方面，FPGA 通常受到其板载资源的限制。因此，如何智能地管理内存资源、数据流和互连网络，使 FPGA 加速器支持大规模、高分辨率的图像，这一问题需要在未来的设计中考虑。

定　位

定位（即自我运动估计）是自主机器最基本的任务之一，其中 agent 计算其自身在给定参考系（即地图）中的位置和方向。对于一般的机器人软件堆栈，定位是许多任务的构建块之一。了解平移姿态可以帮助机器人或自动驾驶汽车规划路径并进行导航，了解旋转姿态可以帮助机器人和无人机稳定自身 [216-217]。

定位算法通过一个或多个机载传感器（例如摄像机、LiDAR、IMU 和 GPS）逐步估计姿态。为了实现高精度，需要大量的计算资源来实时处理大量的传感数据。这对自主机器人的定位系统提出了严峻的挑战，其中功率预算以及热量和物理尺寸限制非常严格。

与 CPU 和 GPU 相比，FPGA 更适合机器人定位系统。现代 FPGA 具有丰富且可重新配置的传感器接口，能够提供来自各种传感器的良好同步的传感数据。FPGA 具有大量可重新配置结构和专用硬件模块，可实现复杂定位算法的加速器设计。

虽然文献中有丰富的针对特定定位算法的加速器设计 [71, 218-221]，但先前的努力主要是针对特定定位算法的解决方案。然而，每种算法仅适合特定的操作场景，而自主机器通常在不同的场景下运行。

本章提出了一个基于 FPGA 的统一定位框架，可适应不同的操作场景。定位框架通过统一现有算法中的核心原语来适应不同的操作场景，从而提供理想的软件基线来识别通用的加速机会。该框架利用现有定位算法固有的两阶段设计，这些算法共享相似的可视化前端，但具有适合不同操作场景的不同的优化后端（例如，概率估计与约束优化）。

5.1 预备知识

5.1.1 背景

从形式上来说，定位是在参考系中生成六自由度（Degrees of Freedom，DoF）位姿的任务，如图 5.1 所示。六自由度包括平移的三个自由度姿态，指定 $<x, y, z>$ 位置；以

及旋转姿态的三个 DoF，指定绕三个垂直轴的方向，即偏航角、横滚角和俯仰角（yaw,
roll, and pitch）。

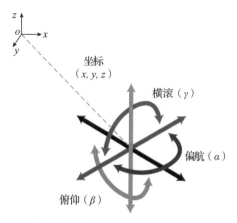

图 5.1   定位估计实体的六个自由度姿态 $(x, y, z, \alpha, \beta, \gamma)$

传感。与环境交互的传感器使定位成为可能。常见传感器包括摄像机、LiDAR、
IMU 和 GPS 接收器。

- GPS：GPS 接收器直接提供三种平移全局坐标中的自由度。然而，它们并不单独
  使用，因为 GPS 信号不提供三个旋转自由度，在室内环境中会被阻挡，且当多路
  径问题发生时可能会退化 [222]。

- IMU：IMU 提供相对的六自由度信息，通过结合陀螺仪和加速计得到。IMU 样本
  有噪声 [223]。如果完全依赖 IMU，定位结果会很快发生漂移。因此，IMU 通常与
  其他传感器结合进行定位。

- LiDAR 或摄像机：给定由 LiDA 或摄像机测量地标组成的地图，可以通过将感
  官观察与地标地图进行比较来推断姿态。对于没有先验地图的场景，可通过解决
  SLAM 问题实现定位。给定感官观察和机器人运动信息，SLAM 算法联合估计 3D
  环境的感官表征（即感官图）和机器人的姿态。

操作环境。自主机器通常需要在不同场景下运行才能完成任务。例如，在工业园区
的仓库之间运送货物的物流机器人可能会根据事先绘制的地图在仓库内外进行导航。当
机器人被转移到园区的另一个区域时，机器人将花费时间绘制新仓库的地图，以便进一
步操作。

原则上，出于定位目的，现实世界环境可以沿两个维度进行分类：预先构建的地图
的可用性和直接定位传感器（主要是 GPS）的可用性（见图 5.2）。首先，环境的地图是

否可用取决于环境是否先前已被绘制，即是否为自主机器所知。地图可以大大简化定位，因为地图提供了可靠的参考系。其次，根据环境是室内还是室外，GPS 可以提供绝对定位信息，从而大大简化定位。总体而言，现实世界存在四种场景：室内未知环境，室内已知环境，室外未知环境，室外已知环境。

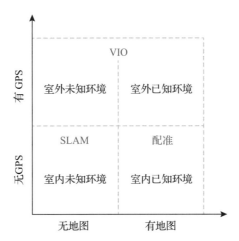

图 5.2　现实环境的分类。每个环境都有偏好的定位算法

5.1.2　算法概述

为了理解每个场景中最适合的算法，本章分析了定位算法的三个基本方面 [216, 224]：在需求和功能上的互补，算法研究者进行的有益优化，以及工业上的广泛应用。基于 LiDAR 和摄像机的定位算法在算法框架上是相似的。在不失一般性的情况下，本节重点介绍基于视觉的算法，如下所示。

- 配准：给定摄像机观测值和地标地图，地图配准会计算地图坐标中的 6 个 DoF 位姿，以尽可能将观测值与地标对齐。本章考虑"词袋"框架 [225-227]，它是 iRobot[228] 等许多产品的支柱。

- VIO：在没有明确的全局地图的情况下，经典定位方法是根据连续的传感器测量（例如图像或激光雷达点云）增量计算相对姿态。概率非线性滤波器可以有效解决此类问题。卡尔曼滤波器（KF）是用于姿态估计的最实用、最有效的非线性滤波器，其中自主机器的相对姿态是根据一段时间的传感器观测和运动命令计算出来的。常见的 KF 扩展包括扩展卡尔曼滤波器（EKF）[229] 和多状态约束卡尔曼滤波器（MSCKF）[230]。由于先进的基于 KF 的算法融合了摄像机观测和 IMU 数据 [231-233]，我们将它们简称为 VIO。

在本节中，我们使用基于 MSCKF 的框架 [233-234]，因为与其他状态估计算法相比，它具有更高的准确性。例如，在 EuRoC 数据集上，MSCKF 的准确率比 EKF 平均减少 0.18m 的误差 [233]。MSCKF 也被许多产品使用，例如 Google ARCore [235]。

由于 VIO 使用局部观测来计算相对轨迹，因此其定位误差可能会随着时间的推移而累积 [236]。一种有效的缓解措施是通过 GPS 向 VIO 提供绝对定位信息。在稳定可用时，GPS 信号帮助 VIO 算法重新定位以纠正定位漂移 [237]。VIO 与 GPS 的结合通常用于户外导航，例如 DJI 无人机 [238]。

- SLAM：SLAM 在构建地图的同时在地图内定位 agent。SLAM 通过不断重新映射全局环境并闭环来减少 VIO 中累积的错误。SLAM 通常被表述为约束优化问题，并通过捆绑进行调整 [239]。SLAM 算法被用于许多机器人 [240] 和 AR 设备（例如 Hololens）[241]。本节使用广泛应用的 VINS-Fusion 框架 [242-243]。

VIO 和 SLAM 的设计空间比我们针对的特定算法更广泛。例如，VIO 可以使用因子图优化 [219] 而不是 KF。我们使用 VIO 来指代使用概率状态估计而不显式构建地图的算法，并使用 SLAM 来指代显式构建地图的基于优化的算法。我们关注的正是这些基本的算法类别。

准确率特性。图 5.3a ～ d 分别显示了四种场景下三种定位算法的均方根误差（RMSE）（y 轴）和平均性能（x 轴）。研究者证明，不存在适合所有场景的单一定位算法。相反，每个操作环境倾向于使用不同的定位算法来最小化错误。

在没有地图的室内环境中，图 5.3a 显示 SLAM 的误差比 VIO 低得多。配准算法在这种情况下不适用，因为它需要地图。由于信号接收不稳定，这里我们不向 VIO 算法提供 GPS 信号，提供不稳定的 GPS 信号会降低 VIO 的准确率。数据显示，VIO 缺乏重定位能力，无法在没有 GPS 的情况下纠正累积漂移。

当室内环境有预先构建的地图时，配准可以实现更高的准确率，同时以比 SLAM 更高的帧速率运行，如图 5.3c 所示。具体来说，配准算法在 8.9FPS 下运行时的定位误差仅为 0.15m。由于漂移，VIO 几乎使误差增加了一倍（0.27m），尽管其运行帧速率稍高（9.1FPS）。

VIO 成为室外最佳算法，无论有地图（图 5.3d）还是没有地图（图 5.3b）。VIO 在 GPS 的帮助下实现了最高的准确率（0.10m 的误差）并且速度最快。即使使用预先构建的地图（图 5.3d），由于测量噪声和不匹配，配准仍然比 VIO 具有更高的误差（1.42m）。

SLAM 是最慢的，并且由于缺乏 GPS 信号或缺乏用于准确重定位的地图而具有明显更高的误差。

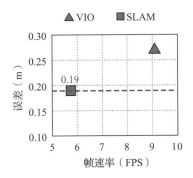

a）室内未知环境。SLAM提供最佳准确率

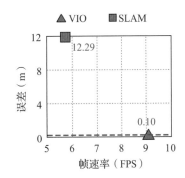

b）室外未知环境。VIO提供最佳准确率

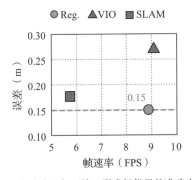

c）室内已知环境。配准提供最佳准确率

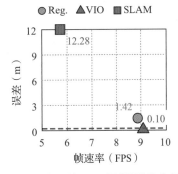

d）室外已知环境。VIO提供最佳准确率

图 5.3　四种操作场景中的定位误差与性能权衡，每种场景需要特定的定位算法来最大限度地提高准确率。配准不适用于没有地图的场景。使用 KITTI 里程计数据集 [244]。性能数据从四核 Intel Kaby Lake CPU 收集

图 5.3 总结了每个操作环境对算法的偏好，以最大限度地提高准确率：有地图的室内环境更喜欢配准，没有地图的室内环境更喜欢 SLAM，室外环境更喜欢 VIO（带 GPS 校正）。由于自主机器经常在不同的场景下运行，定位系统必须同时支持这三种算法才能在实践中发挥作用。

5.2　算法框架

本节介绍一个基于视觉的定位框架，该框架可以灵活适应不同的操作环境。图 5.4 展示了算法框架。该框架捕获一般模式并在三种原始算法（配准、VIO 和 SLAM）中共

享通用构建块。特别是，这三种原始算法共享一个两阶段流水线，其中包括视觉特征匹配阶段和定位优化阶段。虽然三种原始算法的优化技术有所不同，但特征匹配阶段是相同的。

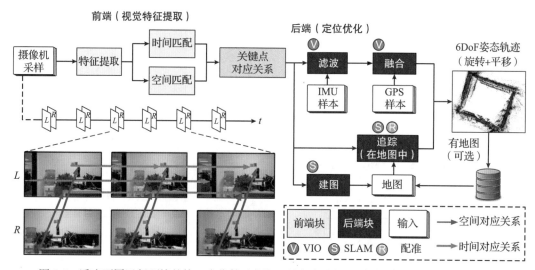

图 5.4　适应不同运行环境的统一定位算法框架。该框架由视觉前端和优化后端组成。前端建立特征对应并始终处于激活状态。后端在三种模式下运行，每种模式在特定的操作环境中激活。本质上，我们的定位框架通过共享通用构建块融合了三种原始定位算法（配准、VIO 和 SLAM）。该策略保留了每种情况下的准确率，同时最大限度地减少了算法级冗余

解耦框架。该框架由一个共享视觉前端和一个优化后端组成，前者提取和匹配视觉特征并始终处于激活状态，后者具有三种模式——配准、VIO 和 SLAM，每种模式都在特定的操作环境下触发。每种模式通过激活后端的一组块来形成唯一的数据流路径，如图 5.4 所示。

跨不同后端模式且共享前端不仅由算法特性驱动，还由硬件资源效率驱动。视觉前端在定位加速器中占用大量资源。例如，在最近的两个 ASIC 加速器中，前端面积约占总芯片面积的 27% 和 53%[218-219]。FPGA 实现也是如此 [71, 220]。

下面我们描述框架中的每个块。每个块都直接取自三个单独的算法，这些算法已经过充分优化并在许多产品中使用。虽然一些组件在 [245-246] 之前已经被单独加速，但我们不知道如何提供统一的架构来在一个系统中有效地支持这些组件，这是硬件设计的目标。

前端。视觉前端提取视觉特征，以在时间和空间上的连续观察中找到对应关系，后端使用这些对应关系来估计姿态。前端主要由三个块组成。

- 特征提取。前端首先提取关键特征点，这些特征点对应于 3D 世界中的显著地标。对特征点（而不是所有图像像素）进行操作可以提高定位的鲁棒性和计算效率。特别是，可使用广泛应用的 FAST 特征来检测关键点 [247]，每个特征点都与一个 ORB 描述符相关联 [61]，为以后的空间匹配做准备。

- 空间匹配。该块在空间上匹配一对立体图像（来自左右摄像机）之间的关键点，以恢复深度信息。基于每个特征点的 ORB 描述符的分块匹配方法 [248] 是一种广泛使用的方法 [61, 249]。

- 时间匹配。该块通过匹配两个连续图像的关键点来建立时间对应关系。该块不是搜索匹配，而是使用经典的 Lucas-Kanade 光流方法 [62] 跨帧跟踪特征点。

后端。后端根据前端生成的视觉对应关系计算 6DoF 姿态。根据操作环境，后端动态配置为以三种模式之一执行，本质上提供相应的原语算法。后端主要由以下块组成。

- 滤波。该块仅在 VIO 模式下激活。它使用卡尔曼滤波器整合随着时间的推移观察到的一系列测量结果，包括来自前端和 IMU 样本的特征对应，以估计姿态。我们使用 MSCKF[230]，这是一种卡尔曼滤波器框架，它保留过去观察结果的滑动窗口，而不仅仅是最近的观察结果。

- 融合。该块仅在 VIO 模式下激活。它将 GPS 信号与滤波块生成的姿态信息融合，从本质上纠正滤波中引入的累积漂移。我们使用松散耦合的方法 [232]，其中 GPS 位置通过简单的 EKF[229] 进行集成。

- 建图。该块仅在 SLAM 模式下激活。它使用前端的特征对应关系以及 IMU 测量来计算姿态和 3D 地图。这是通过解决非线性优化问题来完成的，该问题最大限度地减少了从 2D 特征到地图中 3D 点的投影误差（由姿态估计造成）。可使用 Levenberg-Marquardt（LM）方法解决优化问题 [250]。我们的目标是 Ceres Solver 中的 LM 实现，该解决方案用于 Google 街景 [251] 等产品。最后，生成的地图可以选择离线保存，然后在配准模式下使用。

- 追踪。该块在配准和 SLAM 模式下均被激活。使用词袋位置识别方法 [225-226]，该块根据当前帧和给定地图中的特征来估计姿态。在配准模式下，自然会提供地图作为输入。在 SLAM 模式中，追踪和建图是并行执行的，其中追踪块使用从建图块生成的最新地图来不断更新地图。

延迟分布。图 5.5 显示了三种场景中前端和后端之间的平均延迟分布。这表明前端对三种场景的端到端延迟贡献明显。由于前端在不同的后端模式之间共享，因此加速前端将带来"普遍"的性能提升。前端时间从 SLAM 模式下的 55% 到 VIO 模式下的 83% 不等。SLAM 后端是最重的，因为它迭代地解决复杂的非线性优化问题。

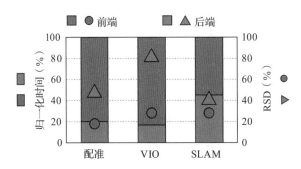

图 5.5   三种模式下前端和后端的延迟分布和相对标准差（RSD）

虽然前端是一个"利润丰厚"的加速目标，但后端时间也很重要，尤其是在前端加速之后。图 5.6～图 5.8 显示了每个后端模式内不同块的分布。SLAM 中的边缘化、VIO 中的计算卡尔曼增益以及配准中的投影是三种后端模式的最大贡献者。这三个内核也对后端变化做出了重大贡献。

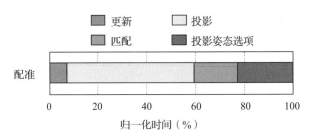

图 5.6   配准后端的延迟分布

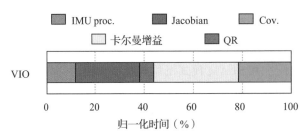

图 5.7   VIO 后端的延迟分布

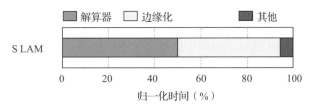

图 5.8　SLAM 后端的延迟分布

5.3　前端 FPGA 设计

5.3.1　概述

图 5.9 提供了前端架构的框图。输入（左和右）图像通过 DMA 进行流传输并在片上进行双缓冲。片上存储器设计主要支持前端仅在流水线的开始和结束处访问 DRAM，我们将在稍后讨论。

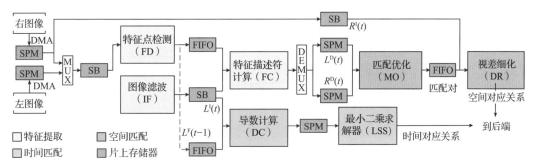

图 5.9　前端架构由三个部分组成：特征提取、光流和立体匹配。在特征提取块中，左右摄像机数据流通过时间复用节省硬件资源。片上存储器以不同的方式进行定制，以适应不同类型的数据重用：模板缓冲区（SB）支持模板操作，先进先出存储器（FIFO）捕获顺序访问，暂存存储器（SPM）支持不规则访问

两幅图像经历了三个块：特征提取、空间匹配和时间匹配。每个块由多个任务组成。例如，特征提取块由三个任务组成：特征点检测、图像滤波和特征描述符计算。

特征提取块由左图像和右图像执行。左图在时刻 $t{-}1$ 的特征点（L_{t-1}^{F}）在片上缓冲，并与在时刻 t（L_t^I）的左图合并。同时，在时刻 t（L_t^D 和 R_t^D）的两幅图像的特征描述符由立体匹配块使用，以计算 t 处的空间对应关系。时间和空间对应关系平均为 $2 \sim 3\mathrm{KB}$，它们被传输到后端。

5.3.2　利用任务级并行性

理解并行性。图 5.10 显示了前端中详细的任务级依赖关系。在高层，特征提取（FE）作用于左右图像，它们是独立的并且可以并行执行。立体匹配（SM）必须等到两个图像完成 FE 块中的特征描述符计算（FC）任务，因为 SM 需要从两个图像生成的特征点 / 描述符。时间匹配（TM）仅对左图像进行操作，且与 SM 无关。因此，每当左图像完成 FE 中的图像滤波（IF）任务时，TM 就可以启动。IF 任务和特征点检测（FD）任务在 FE 中并行运行。

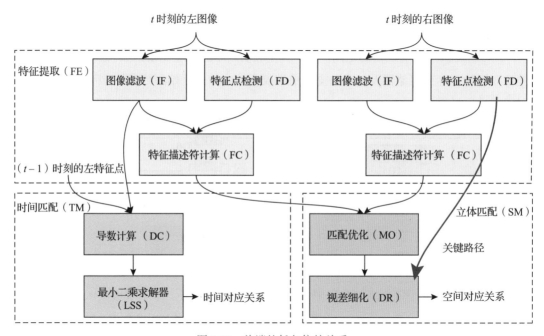

图 5.10　前端的任务依赖关系

TM 由两个串行任务组成：导数计算（DC），其输出驱动（线性）最小二乘求解器（LSS）。SM 由匹配优化（Matching Optimization，MO）任务和视差细化（Disparity Refinement，DR）任务组成，前者通过比较特征描述符之间的汉明距离来提供初始空间对应关系，后者通过块匹配细化初始对应关系。

设计。TM 延迟通常不到 SM 延迟的 1/10。因此，关键路径是 FD → FC → MO → DR。关键路径延迟又由 SM 延迟（MO+DR）决定，该延迟比 FE 延迟（FD+FC）高 2 ～ 3 倍。因此，我们在 FE 和 SM 之间建立了流水线化的关键路径。流水线提高了前端吞吐量，这是由 SM 的延迟决定的。

FE 硬件资源消耗大约是 TM 和 SM 总资源消耗的两倍，因为 FE 处理原始输入图像，而 SM 和 TM 仅处理关键点（< 总像素的 0.1%）。因此，我们在左右图像之间分时共享 FE 硬件。这减少了硬件资源消耗，但不会损害吞吐量，因为 FE 比 SM 快得多。

5.4　后端 FPGA 设计

构建块。图 5.6 ～图 5.8 显示，每个后端模式本质上都拥有一个对整体延迟和延迟变化有显著影响的内核：配准模式下的摄像机模型投影、VIO 模式下的计算卡尔曼增益、SLAM 模式下的边缘化。加速这些内核可以减少总体延迟和延迟变化。

虽然可以为每个内核在空间上实例化单独的硬件逻辑，但这会导致资源浪费。这是因为这三个内核共享共同的构建块。从根本上讲，每个内核执行矩阵运算来操纵各种形式的视觉特征和 IMU 状态。表 5.1 将每个内核分解为不同的矩阵原语。

表 5.1　后端导致延迟变化的内核由常见的矩阵运算组成

构建块	投影	卡尔曼增益	边缘化
矩阵乘法	√	√	√
矩阵分解		√	√
矩阵逆			√
矩阵转置		√	√
前向 / 后向替换		√	√

例如，配准模式下的投影内核只需将 3×4 摄像机矩阵 C 与 $4 \times M$ 矩阵 X 相乘，其中 M 表示地图中特征点的数量（每个特征点由 4D 齐次坐标表示）。VIO 中的卡尔曼增益 K 计算如下：

$$S = H \times P \times H^{\mathrm{T}} + R \tag{5.1a}$$

$$S \times K = P \times H^{\mathrm{T}} \tag{5.1b}$$

其中 H 是将真实状态空间映射到观测空间的函数的雅可比矩阵，P 是协方差矩阵，R 是单位噪声矩阵。计算 K 需要求解线性方程组，该方程组通过矩阵（S）分解和前向 / 后向替换来实现。边缘化结合了所有五种操作 [243]。

设计。后端设计专门用于表 5.1 中的五个矩阵运算的硬件，然后将三个后端内核映射到这些硬件。这些矩阵运算的低级程度足以允许在不同的后端内核之间共享，但高级程度足以减少控制流，这在 FPGA 上实现效率特别低。

图 5.11 显示了后端架构。输入和输出在片内缓冲，并通过 DMA 方式从 / 发送至主

机。每个矩阵块的输入都存储在暂存存储器（SPM）中。输入矩阵必须在操作开始之前准备就绪。该架构通过利用矩阵运算（例如乘法、分解）的固有分块性质来适应不同的矩阵大小，其中可以通过对输入矩阵的不同块进行迭代操作来计算输出。因此，尽管 SPM 需要适应整个输入矩阵的大小，但计算单元必须仅支持块的计算。

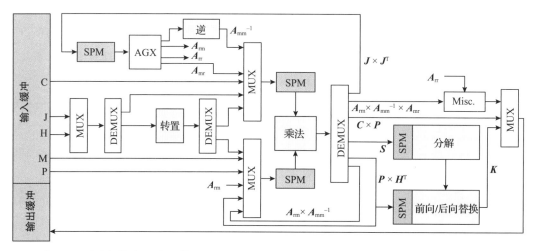

图 5.11　后端架构由矩阵运算的五个基本构建块组成：逆、分解、转置、乘法和前向 / 后向替换。AGX 是地址生成逻辑，Misc. 包含上述任何逻辑中未包含的其余逻辑（例如，加法）。SPM 用于存储中间数据。输入和输出在片内缓冲，并通过 DMA 方式从 / 发送至主机

优化。 可以利用各种矩阵固有的特性来进一步优化计算和内存使用。S 矩阵本质上是对称的（方程（5.1a））。这样，S 的计算和存储成本自然就可以减少一半。另外，边缘化中需要求逆的矩阵 A_{mm} 是一个对称矩阵，具有独特的分块结构 $\begin{bmatrix} A & B \\ C & D \end{bmatrix}$，其中 A 是对角矩阵，D 是 6×6 矩阵，其中 6 表示要计算的姿态的自由度。因此，求逆硬件专门用于结合简单倒数结构的 6×6 矩阵求逆。

5.5　评估

5.5.1　实验设置

硬件平台。 为了展示定位框架的灵活性和普遍适用性，我们设计了可代表自主机器谱系两端的自动驾驶汽车和无人机的 FPGA 平台。汽车 FPGA 平台在连接到 PC 的 Xilinx Virtex-7 XC7V690T FPGA 板 [252] 上实例化，该 PC 具有四核 Intel Kaby Lake CPU。无人

机平台构建在 Zynq Ultrascale+ ZU9CG 板 [253] 上，该板在同一芯片上集成了四核 ARM Cortex-A53CPU 和 FPGA。两个实例上的实际加速器实现几乎相同，只是汽车设计使用更大的矩阵乘法/分解单元以及更大的行缓冲区和暂存存储器来处理更高的图像分辨率。

FPGA 直接与摄像机和 IMU/GPS 传感器连接。主机和 FPGA 加速器在每一帧中通信三次：第一次从 FPGA 传输前端结果和 IMU/GPS 样本到主机；第二次来自主机，它将后端内核的输入（例如，用于计算卡尔曼增益的 H、P 和 R 矩阵）传递到 FPGA；最后一次将后端结果传输回主机。

基线。当今的定位系统大多在通用 CPU 平台上实现。因此，我们将汽车设计与没有 FPGA 的 PC 上的软件实现进行了比较，将无人机设计与具有代表性的移动平台（即 TX1 平台 [254]）的四核 ARM Cortex-A57 处理器上的软件实现进行比较。为了获得更强的基线，软件实现利用了 CPU 的多核和 SIMD 功能。

数据集。对于无人机设计，我们使用了 EuRoC[255]（机器霍尔序列），这是一个广泛使用的无人机数据集。由于 EuRoC 仅包含室内场景，因此我们用室外场景的内部数据集补充 EuRoC。输入图像的尺寸为 640×480 像素。对于汽车设计，使用 KITTI Odometry[244]（灰度序列），这是广泛使用的自动驾驶汽车数据集。同样，由于 KITTI 仅包含室外场景，因此我们用室内场景的内部数据集对其进行补充。输入图像的尺寸统一为 1280×720 像素。

5.5.2 资源消耗

FPGA 资源使用情况如表 5.2 所示。总体而言，汽车比无人机消耗更多资源，因为前者使用更大的硬件结构来应对更高的输入分辨率。为了展示在三种模式中共享前端和后端构建块的硬件设计的有效性，"N.S." 列显示了假设不共享这些结构时的资源消耗。所有类型的资源消耗将增加一倍以上，超出 FPGA 板上的可用资源。

表 5.2　汽车和无人机的 FPGA 资源消耗及其在实际 FPGA 板上的利用率。"N.S." 列表示不跨三种模式共享前端和后端构建块时的资源使用情况

资源	汽车	Virtex-7	N.S.	无人机	Zynq	N.S.
LUT	350671	80.9%	795604	231547	84.5%	659485
Flip-Flop	239347	27.6%	628346	171314	31.2%	459485
DSP	1284	35.6%	3628	1072	42.5%	3064
BRAM	5.0	87.5%	13.2	3.67	92.3%	10.6

前端主导资源消耗。在汽车中，前端使用了总资源的 83.2%LUT、62.2% Flip-Flop、80.2%DSP 和 73.5%BRAM，无人机的百分比与之相似。特别是，特征提取消耗了超过三分之二的前端资源，证实了我们在左右摄像机流之间复用特征提取硬件的设计决策。

5.5.3 性能

汽车的结果。图 5.12a 比较了基线和汽车 FPGA 之间的平均帧延迟和延迟标准差（SD），显示了总体结果以及分别在三种模式下的结果。在配准、VIO 和 SLAM 模式下，端到端帧延迟分别减少为原来的 1/2.5、1/2.1 和 1/2.0，整体加速达 2.1 倍。FPGA 设计也显著减少了变化，SD 降低了 58.4%。延迟的减少直接转化为更高的吞吐量，从 8.6FPS 增加到 17.2FPS，如图 5.13 所示。前端与后端的进一步流水线化将 FPS 提高到 31.9。

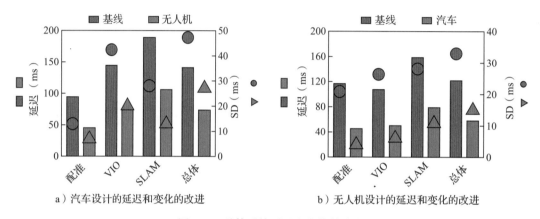

a）汽车设计的延迟和变化的改进　　　　b）无人机设计的延迟和变化的改进

图 5.12　总体系统延迟和变化的减少

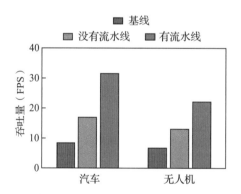

图 5.13　有和没有前端/后端流水线以及基线的 FPS

能耗也显著降低。图 5.14 比较了基线和汽车 FPGA 之间的每帧能耗。通过硬件加速，汽车 FPGA 将平均能耗降低了 73.7%，从每帧 1.9J 降低到 0.5J。

无人机的结果。图 5.12b 比较了基线和无人机 FPGA 之间的平均帧延迟和变化。对于三种模式，帧延迟的加速比分别为 2.0、1.9 和 1.8，整体加速提升 1.9 倍。延迟总体标准差降低了 42.7%。平均吞吐量从 7.0FPS 提高到 22.4FPS。每帧平均能耗从 0.8J 降低到 0.4J。节能低于汽车设计，因为 FPGA 静态功耗突出，而无人机设计降低了动态功耗。

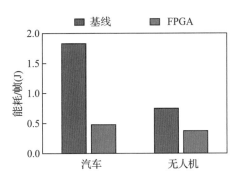

图 5.14　基线设计与 FPGA 设计之间的每帧能耗比较

5.6　小结

在本章中，我们确定并解决了在现实世界中部署自主机器的一个关键挑战：资源限制下的高效和灵活的定位。使用从商业部署和标准基准中收集的数据，我们说明了现有的定位算法（例如，基于约束优化的 SLAM[256-258]、基于概率估计的 VIO[230, 259-261] 和针对地图的配准 [256, 262]）不够灵活，无法适应不同的现实操作场景。因此，加速任何单一算法在实际产品中不太可能有用。我们提出了一种通用定位算法，该算法集成了现有算法中的关键原语及其在 FPGA 中的实现。该算法保留了单个算法的高准确率，简化了软件栈，并提供了理想的加速目标。

FPGA 上的统一算法框架支持统一的架构基底，这是与之前仅针对特定算法和场景的 ASIC[218-219, 221] 和 FPGA[71, 220, 232, 263-266] 上的定位加速器的一个关键区别。此外，利用相同的设计原理，该架构可以实例化以针对具有不同性能要求和约束的不同自主机器，例如无人机与自动驾驶汽车。

规　　划

运动规划（motion planning）是计算机器人或自动驾驶汽车用于实现自我操控的模块。运动规划的任务是在不与任何障碍物发生碰撞的情况下生成一条轨迹，并将其发送给反馈控制装置，以便执行物理机器人控制。规划的轨迹通常由一系列规划轨迹点来指定和表示。每个点都包含位置、时间、速度等属性。通常，运动规划模块之后是控制模块，通过连续反馈跟踪实际姿态与预定轨迹上的姿态之间的差异，这与一般的机械控制没有本质区别。

一般来说，在设计运动规划解决方案时，一个基本要求就是实时性。当机器人使用高 DoF 配置时，运动规划将成为一个相对复杂的问题，因为搜索空间将呈指数级增长。通常情况下，先进的基于 CPU 的方法需要几秒钟才能找到无碰撞轨迹[267-269]，因此现有的运动规划算法速度太慢，无法满足在复杂环境中执行复杂导航任务的实时性要求。通过海量数据并行处理，高性能 GPU 可以实现数百毫秒量级的运动规划[270-271]，而功耗为数百瓦。这种性能仍然无法满足实时要求，而且功耗对于许多边缘机器人应用来说过于昂贵。

运动规划解决方案的另一个关键设计考虑因素是灵活性。通常情况下，机器人所处的环境是复杂多变的。障碍物的位置、数量和速度会随着时间的推移而变化。因此，构建的路线图需要动态更新，以反映环境的最新状态，这就要求实用的运动规划和控制解决方案具有灵活性。然而，定制加速器可能不够灵活。基于 FPGA 的解决方案可以很好地兼顾高性能和灵活性，并在最近的研究中显示出一些优势[272-273]。在本章中，我们将概述机器人运动规划算法，然后介绍和总结其基于 FPGA 的加速器，并讨论所使用的主要技术。

6.1　运动规划背景概述

在机器人和自动驾驶汽车领域，运动规划的目的是在动态世界中找到从起始位置到目标位置的最佳无碰撞轨迹。它通常在机器人运动过程中被调用，以适应环境变化，并不断寻找通往目的地的安全路径。

尽管从计算角度来看，运动规划问题被认为具有挑战性 [274]，但文献中还是提出了几种实用算法。其中使用最广泛的一类实用运动规划算法是基于采样的解决方案，这些算法避免了在状态空间中明确构建障碍物，从而节省了大量的计算量，并在许多场景中取得了成功。

在基于采样的运动规划算法中，迄今为止最有影响力的解决方案是概率路线图（Probabilistic RoadMap，PRM）[43] 和快速探索随机树（Rapidly exploring Random Tree，RRT）[42] 及其变体 [267]。PRM 和 RRT 算法都提供了概率完备性保证，即这些算法返回一个解（如果存在）的概率随着样本数接近无穷大而趋近于 1[275]。尽管"连接从状态空间随机采样的点"这一概念在这两种方法中都至关重要，但这两种算法在创建连接这些点的图的方式上有所不同。接下来，我们将介绍 PRM 和 RRT 算法的工作流程。感兴趣的读者可参阅 [267]，了解更多详情。

6.1.1　概率路线图

PRM 运动规划算法及其变体属于多重查询方法。一般来说，PRM 算法包括三个步骤：路线图构建、碰撞检测和路径搜索。

路线图构建

路线图构建是指在无障碍环境中生成机器人配置空间中的姿态和运动图，图中的每个顶点定义了机器人可能的配置状态（如关节角度）。然后用边将这些顶点连接起来，每条边定义了姿态之间可能的运动。普通算法从配置空间中随机采样姿态，并建立完全独立于障碍物的通用路线图。

碰撞检测

碰撞检测检查机器人的运动是否会与环境中的障碍物发生碰撞，以及其部件是否会与自身发生碰撞。在多 agent 机器人系统中，我们还需要检测两个不同的机器人是否有可能相互碰撞。三角形网格被广泛用作周围环境和机器人的模型，因此碰撞检测包括检查机器人模型中的任何三角形是否与环境模型中的三角形相交，这需要相当高的计算成本。

路径搜索

路径搜索遍历获得的无碰撞路线图，检查是否存在从起始姿态到目标的路径，并确定最优路径。这一过程通常采用 Dijkstra 算法、A* 算法或 Bellman-Ford 算法及其变体 [276]。

图 6.1 展示了 PRM 算法的主要步骤。通常，PRM 可以可靠地解决具有良好可见性的高维问题，但可能会遇到狭窄通道问题。

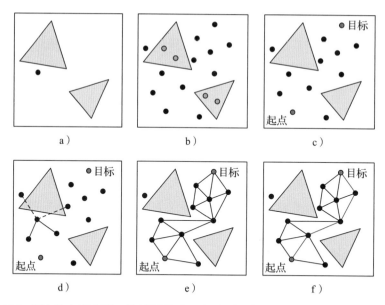

图 6.1　PRM 算法的主要步骤。路线图构建：a）和 b）从配置空间中随机采样 N 个配置；c）将所有可行配置以及起点和目标添加到路线图中。碰撞检测：d）和 e）检测附近里程碑对的可见性，并将可见边添加到路线图中。路径搜索：f）搜索从起点到目标的路径

6.1.2　快速探索随机树

有许多类型的基于采样的规划器可以创建自由空间的树状结构，而不是路线图，例如 RRT。RRT 主要针对单查询应用。它以起始配置为根，逐步建立可行轨迹树。图 6.2 给出了 RRT 算法的步骤。算法初始化时有一个以初始状态为唯一顶点的图，没有边。每次迭代都会采样一个点 q_{rand}，并尝试将树中最近的顶点连接到新采样点。如果连接成功，q_{rand} 将被添加到顶点集，同时 (q_{new}, q_{rand}) 也会被添加到边集。一旦树到达目标区域的节点，迭代就会停止。

与 PRM 相比，RRT 相对容易整合系统动力学等运动参数，并且不必事先设置样本数量。RRT-Connect 是 RRT 的常见变体，它能生长出两棵可行路径树，一棵根植于起点，另一棵根植于目标 [278]，或通过丢弃路径较长的循环来找到最短轨迹的渐近最优解 [267]。其他基于采样的运动规划解决方案包括扩展空间树（EST）[279] 和基于采样的树路线图（SRT）[280]。后者将 RRT 和 EST 等单查询算法的主要特点与 PRM 等多查询算法相结合。

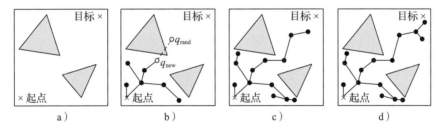

图 6.2　RRT 算法的主要步骤 [277]。a）一棵树从起始配置向目标方向生长。b）规划器生成一个配置 q_{rand}，并从最近的节点向其生长，创建 q_{new}。c）树迅速探索自由空间，并避免检测到的碰撞。d）当节点接近目标节点时，规划器终止。常见的实现方式是直接连接目标节点

6.2　利用 FPGA 实现碰撞检测

6.2.1　运动规划计算时间剖析

碰撞检测的性能通常是整个运动规划流水线的瓶颈。在实际场景中，运动规划通常涉及大量的碰撞检测。以 RRT 为例。当它在 CPU 上运行时，99% 的指令都用于碰撞检测，而碰撞检测占用了运动规划总计算时间的 90% 以上 [281]。图 6.3 对用于碰撞检测和图操作的计算时间进行了更详细的说明。运动规划算法的迭代次数为 100 万次。图 6.3a 显示了每次迭代中用于查找最近邻居和插入新节点花费的计算时间，以及用于碰撞检测的时间。碰撞检测显然是瓶颈所在。图 6.3b 显示了每次迭代中仅图操作的时间，并说明了其对数增长。请注意，在经过 100 万次迭代后，RRT 找到了 40 000 个解决方案，而图操作所耗费的时间仍然不到碰撞检测器所用时间的 1%。

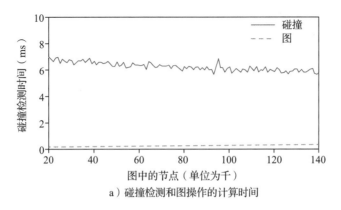

a）碰撞检测和图操作的计算时间

图 6.3　子算法的计算时间 [281]

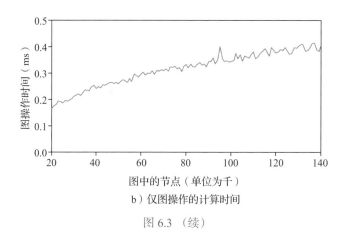

b）仅图操作的计算时间

图 6.3 （续）

6.2.2　基于通用处理器的解决方案

一些研究小组专注于利用 GPU 的高性能来并行处理和提高传统规划算法的性能 [270-271, 281]。Bialkowski 等人 [281] 关注的是基于增量采样算法 RRT 及其渐近最优对应 RRT* 的大规模并行实现。他们将 RRT* 算法的碰撞检测任务分成三个并行维度，以构建可同时执行碰撞计算的线程块网格。

Pan 等人 [270] 提出了一种基于 PRM 算法的运动规划框架，名为 g-Planner，该框架完全在 GPU 上实现，避免了 CPU 和 GPU 之间昂贵的数据传输。他们将 PRM 算法大致分为路线图构建阶段和查询阶段，并使用多核 GPU 大大提高了每个部分的性能。基于 GPU 的整体规划器框架如图 6.4a 右侧所示。这一设计的关键思路是构建具有线性空间和时间复杂性的高效算法，并有效利用多核和数据并行性。

为了进一步充分利用多核 GPU 的数据并行性和多线程功能及其独特的编程模型和内存层次结构，Pan 等人 [271] 提出了一种并行算法，以加速基于样本的运动规划的碰撞查询。该设计采用聚类方案和碰撞包遍历，可同时在多个配置上执行高效的碰撞查询。如图 6.4b 所示，在配置空间中，绿色点为随机配置样本，灰色区域为障碍物。相邻的配置根据其边界被聚类为配置包（红圈），同一配置包中的配置会被映射到 GPU 上的同一线程束。此外，这种设计还引入了分层遍历技术，可以执行工作负载平衡，从而提高并行效率。

然而，尽管这些工作已经证明，通过对算法进行一定程度的调整，运动规划在 GPU 上的性能可以大大高于 CPU，但其性能和能效（性能 /W）仍然无法满足复杂机器人的实时运动规划要求。在处理电力供应有限的边缘机器人时，这个问题会更加严重。GPU 方法的另一个局限性是，GPU 通常只能提供一个恒定的加速因子；一旦 GPU 核心被完全利用，执行时间将与问题的大小呈线性关系。

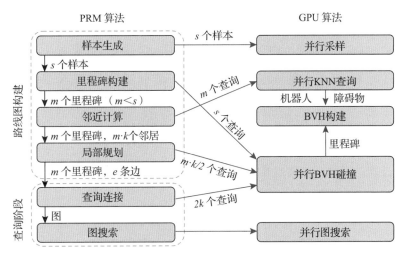

a）基于 GPU 的实时规划器中的 PRM 并行组件 [270]

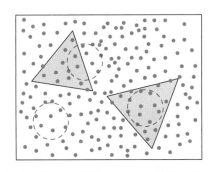

b）用于并行冲突检测的多个配置数据包 [271]

图 6.4　[270] 和 [271] 中提出的基于 GPU 的运动规划方案概览

6.2.3　基于专用硬件加速器的解决方案

CPU 和 GPU 解决方案无法实时生成路径，这是将机器人技术应用于工作场所和家庭时的主要障碍。近期的大部分工作都集中在机器人运动规划的专用硬件上。具体来说，通过利用算法 – 硬件协同设计技术，提出了机器人专用电路和架构，以充分利用积极的预计算和大规模并行性的组合。一般来说，专用硬件设计生成实际机器人运动规划的速度比现有 GPU 实现快约三个数量级 [272-273, 282-284]。

基于 FPGA 的设计 1

Atay 和 Bayazit 重点关注在 FPGA 上直接加速 PRM 算法 [282]。他们提出的加速器设计不仅适用于碰撞检测，还适用于 PRM 算法批处理变体的大部分学习阶段。他们创建了功能单元来进行新配置的随机采样以及近邻搜索。

图 6.5 是上述设计的概览图。他们提出的基于 FPGA 的运动规划处理器有五个主要模块（图 6.5a）：I/O 负责主机与芯片之间的通信；存储器存储环境模型；路线图构建器使用当前模型和可行性标准构建路线图；通过路线图，查询可找到路径；可行性检测器检查机器人的当前配置是否满足可行性约束条件。这种模块化表示法有助于切换单个组件来重新配置硬件。例如，碰撞检测目前用于可行性标准，但可行性检测模块将来可以切换到势能计算。同样，移除路线图构建器和查询模块后，更多空间可用于约束检测器和碰撞检测的可行性研究（图 6.5b）。

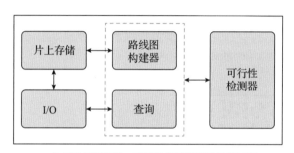
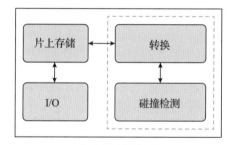

a）运动规划配置、可行性检测器可以根据问题　　　　　b）专用碰撞检测配置
　　指定，例如碰撞检测或势能计算

图 6.5　不同配置下基于 FPGA 的运动规划设计 [282]

本设计的并行性主要来自实现多个三角形 – 三角形交叉功能单元。通过并行执行多个成对检查，可以加快检查机器人与障碍物是否碰撞的速度。然而，三角形交叉测试涉及大量算术运算（尤其是乘法运算），即使是大容量 FPGA 也无法容纳足够多的乘法器，因此这种设计是不可行的。因此，在简化的测试案例中，作者无法在 FPGA 上安装他们的设计。

基于 FPGA 的设计 2

Murray 等人 [272, 285] 提出了一种基于 FPGA 的定制硬件微体系结构，可执行基于体素的碰撞检测。假设机器人所在的世界没有障碍物，他们首先提前构建了一个通用的 PRM。这种路线图构建方案与传统的基于采样的规划器（如 PRM 或 RRT）不同，这些算法在运行时增量构建路线图，以穿越当时存在的障碍物。然后，作者通过移除检测到碰撞的边，使 PRM 适应特定的问题实例。最后，只需找到一条路径穿过由此产生的较小的

PRM，即可生成运动规划。

文献 [272] 中制作机器人专用运动规划电路的详细过程如下。

1. 给出机器人描述。

2. 建立一个 PRM，该 PRM 很可能是从一个更大的 PRM 中提取的覆盖范围子样本。

3. 将机器人的可达空间离散为深度像素，对于 PRM 上的每条边 i，预先计算与相应扫过的体积相撞的所有深度像素。

4. 利用这些值构建一个逻辑表达式，给定以二进制编码的深度像素坐标，如果该深度像素与边 i 相撞，则返回 true。

5. 这个逻辑表达式经过优化后用于构建碰撞检测电路（CDC），PRM 中的每条边都有一个这样的电路。

6. 当机器人需要制定运动规划时，它会感知周围环境，确定哪些深度像素与障碍物相对应，并将它们的二进制表示传送给每个 CDC。所有 CDC 同时并行地对每个深度像素进行碰撞检测，并存储一个比特，表示该边处于碰撞状态，应从 PRM 中删除。

这种设计可以在 1ms 内完成运动规划查询，足以满足实时性要求。

不过，这种实现方式有两个主要局限。首先，设计受制于表示 PRM 边的可用硬件资源。相对较小的 PRM 将消耗大容量 FPGA 的大部分容量。其次，这种设计无法针对不同的机器人和场景进行重定向。PRM 必须提前构建。因此，如果机器人的物理结构发生变化，规划电路可能不再准确。重新配置 FPGA 只需几秒钟，这将大大降低实时性能。

基于 FPGA 的设计 3

虽然速度很快，但 [272] 中的设计无法针对不同的机器人和场景进行重新定位。针对这一局限，Murray 等人 [273] 进一步提出了一种可编程架构，用于加速机器人运动规划中的碰撞检测和图搜索。

与文献 [272] 中的设计类似，在运行前，首先利用有关场景的先验知识预计算出一个通用的大型路线图。该路线图具有足够大的冗余度，能够抵御障碍物的影响，从而在动态环境中快速完成连续查询，不需要重新对加速器进行再编程。在这一阶段，碰撞检测结果也是在离散化的环境视图中预计算的。

文献 [273] 提出了两种主要技术，使设计变得灵活且可重定向（图 6.6）。首先，[272, 285] 中的设计是通过构建组合逻辑电路来执行碰撞检测，这与路线图中每个运动的扫描体积直接相关，而 Murray 等人 [273] 的设计则不同，他们实现了一个包含寄存器的计算单元海，寄存器中装满了机器人和感兴趣路线图的扫描体积数据。配置完成后，在运行时将体素从感知到的占用网格发送到加速器，与扫过的体积进行核对。然后将碰撞检测结果传递给路径搜索架构。本设计的整体数据流如图 6.6a 所示。其次，为了处理任何预期的图拓扑结构，他们设计了一种数据流微体系结构来执行路径搜索，该体系结构由大量电路组成，这些电路通过用于处理各种拓扑结构的低成本互连网络连接起来，被称为 Bellman-Ford 计算电路（BFCC），如图 6.6b 所示。图中的每个顶点都静态地分配给芯片上的一个物理 BFCC，BFCC 足够小，因此微体系结构可以扩展到较大的图规模。

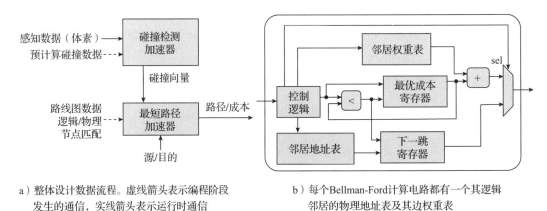

a）整体设计数据流程。虚线箭头表示编程阶段
　发生的通信，实线箭头表示运行时通信

b）每个Bellman-Ford计算电路都有一个其逻辑
　邻居的物理地址表及其边权重表

图 6.6　Murray 等人 [273] 设计中的整体数据流和 Bellman-Ford 计算电路模块

可编程性使该体系结构能够应用于机器人技术和运动规划领域的各种不同应用。该设计功耗不高，仅为 35W，可在 2.3μs 内完成碰撞检测和路径计算。这一延迟比传统的基于采样的规划器快约五个数量级，在相同的使用情况下比 [272, 285] 快两个数量级。

此外，这种设计还具有很强的可扩展性。执行碰撞检测的时间与路线图中的边数量无关，因为每条边都有专用硬件。执行最短路径搜索的时间与图中的跳数呈线性关系，因为每个节点都有专用硬件。

基于 ASIC 的设计 1

上述基于 FPGA 的碰撞检测加速器的一个主要局限是片上 RAM 资源相对较少，限制了其存储大型地图的能力。为了解决这个问题，Lian 等人 [283] 提出了一种名为 Dadu-P 的加速器，它将边数据存储在内存中而不是电路中，从而支持动态环境中的大型路线图，并具有更高的灵活性。

Dadu-P 的执行步骤如下。首先，算法在无碰撞环境中建立路线图，其中每条边都以八叉树的形式存储，代表机器人运动所掠过的体积，这一点与 [272-273] 类似。其次，传感器会将每一个被障碍物覆盖的体素 ID 发送给每一条边，由处理元件（PE）判断其是否会受到影响，如果不受影响，则允许该边存在。最后，在判断完一批边后，可以执行最短路径搜索算法来寻找解决方案。这个过程将一个接一个地继续，可以单线程或双线程运行。

图 6.7a 展示了 Dadu-P 的架构。它由 N 个 PE 组成，每个 PE 可以检查路线图中一条边的碰撞情况，从而并行检查 N 条边。每个 PE 包含一个片上 SRAM，用于存储路线图中边的 3D 模型描述。执行查询时，体素 ID 将被发送到加速器，并广播给所有 PE 进行碰撞检测。检测完成后，加速器收集来自所有 PE 的结果，并输出一个包含 N 位的结果，其中每个 PE 一位。为了处理接下来的 N 条边，加速器需要将这些边从片外内存加载到片上 SRAM。

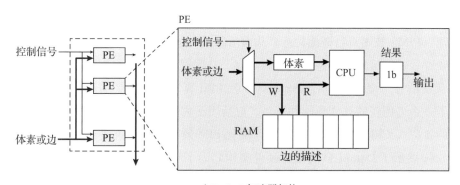

a）Dadu-P 加速器架构

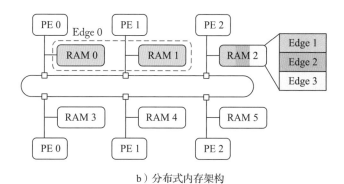

b）分布式内存架构

图 6.7　Dadu-P 实现的架构和分布式共享内存架构概览 [283,286]

与现有的 CPU 和 GPU 实现相比，Dadu-P 在 2500 次边碰撞检测中实现了 $360\mu s$ 的延迟，速度分别提高了 26.5 倍和 15.2 倍。需要注意的是，通过将边数据存储在内存中而不是电路中，Dadu-P 实现了可重构性，但与 Murray 等人的设计相比，外部内存传输确实导致碰撞检测延迟增加了 25 倍 [272]。究其原因，是由于碰撞检测应用本身具有内存密集型特点，Dadu-P 在内存带宽方面遇到了瓶颈。Dadu-P 有 128 个运行频率为 1GHz 的核心，每秒需要 37.5GB 的数据。然而，由于 DRAM 的总线带宽有限，每秒最多只能提供20GB 的数据，这意味着核心几乎有一半的时间都在等待数据。这种内存带宽瓶颈极大地限制了 Dadu-P 所能达到的最高性能。解决这种内存瓶颈问题的方法之一是利用分布式共享内存架构 [286]。如图 6.7b 所示，通过将一条大边存储在多个 RAM 中，可以在片上存储器中存储更多的边，减少从片外存储器的读取，从而提高性能。

基于 ASIC 的设计 2

内存带宽瓶颈严重影响了定制加速器的最大性能，并限制了其在更高并行性方面的可扩展性。为解决这一限制，Yang 等人 [284] 提出了一种名为 Dadu-CD 的架构，通过"在内存处理"（PIM）技术进行碰撞检测，从而消除了内存带宽瓶颈。

PIM 背后的关键理念是将计算引入内存，从而避免大部分数据移动成本。有关 PIM的更多背景信息，请参阅 [287-288]。为了使 PIM 算法和硬件更加高效，Dadu-CD 设计中提出了一系列创新的软件和硬件策略，包括用于大规模并行的 PIM 逻辑架构、用于减少递归的新型八叉树数据结构，以及用于简化 PIM 硬件设计的新型节点编码方法。

图 6.8a 展示了 Dadu-CD 的整体硬件架构。为了支持 PIM 操作，每个存储体都增加了一个 PIM 逻辑模块。在传统 DRAM 架构的每个子阵列中增加了额外的存储器行和字线（WL）驱动器。为了充分利用 DRAM 内部的大带宽并避免带来过多的计算逻辑，路线图和障碍物的边都存储在同一结构中。然而，传统的八叉树会递归地划分空间，自然不适合并行化。为了简化大规模并行化，图 6.8b 中展示了一种称为柔性八叉树的新数据结构，其中八叉树的前四层被扁平化为一层，而八叉树节点保持不变。柔性八叉树不仅减少了递归，还提高了并行性。

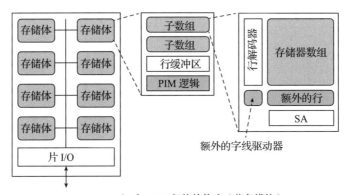

a）对DRAM架构的修改（蓝色模块）

图 6.8　支持 Dadu-CD 实现中"在内存处理"的内存架构和逻辑设计 [284]

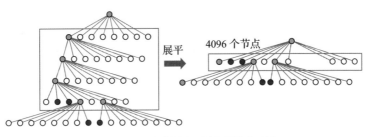

b）六层八叉树和柔性八叉树

图 6.8 （续）

6.2.4　评估和讨论

性能比较

表 6.1 总结了本节介绍的各种设计的碰撞检测延迟。与 CPU 和 GPU 实现相比，[272] 的速度分别提高了 597 倍和 4152 倍。它既能满足机器人操作的实时性要求，又具有较低的可重定向性。请注意，我们这里所说的可重定向设计是指能够应对各种机器人和场景。在机器人路线图中，[272] 直接根据每个动作的扫描量创建电路逻辑，这导致了较低的可编程性和可重定向性。FPGA 本身可以在几秒钟内重新配置，以适应不同的场景，这将降低实时性。

表 6.1　不同运动规划加速器的性能、能耗和设计特性比较

设计	平台	2500 条边用时	100 000 条边用时	功率 / 能耗	区域	可扩展性	重定向能力
Murray et al.[272]	FPGA	16μs	—	15W	—	低	低
Murray et al.[273]	FPGA	2.3μs	—	35W	450mm²	中	高
Lian et al.[283]	ASIC	360μs	14 400μs	472mW	1.75mm²	高	高
Yang et al.[284]	ASIC	34μs	1 360μs	2.13 mJ/check	<2.2% DRAM	高	高
Murray et al.[272]	GPU	1 100μs	50 000μs	225W	—	中	高
Murray et al.[272]	CPU	9 550μs	380 000μs	84W	—	中	高

[273] 实现了可编程架构，性能比 [272] 进一步提高了 7 倍。由于 FPGA 资源有限，无法存储专用门级逻辑实现路线图中的每个边，因此 [272] 无法扩展到大型问题。

通过在 ASIC 设计中广泛利用片外内存来存储路线图，[283] 实现了更好的可扩展性和更高的能效，但代价是延迟时间延长了 22.5 倍。为了减少昂贵的数据移动，[284] 利用 PIM 架构，速度比 [283] 提高了 10.6 倍。此外，与 [283] 相比，[284] 的计算能耗和数据传输能耗分别大幅降低为原来的 1/5.3 倍和 1/16 倍。因此，FPGA 的低初始投入和高灵活

性，与 ASIC 的高一次性成本但更高的内存容量和能效之间存在内在的权衡。

另一点值得注意的是，由于每条边都有专用硬件，因此执行碰撞检测的时间与路线图中的边数无关，这意味着定制硬件设计是完全并行的，无论边数多少，计算所需时间不变。相比之下，任何具有固定硬件线程数的 CPU/GPU 的计算时间都会随着边数的增加而线性增加。

设计技术

这些结果表明，从两方面入手，即精心设计算法和硬件，可以显著提高性能。表 6.2 总结了运动规划加速器中使用的一些关键设计和优化技术。

表 6.2 运动规划加速器中使用的关键设计技术

设计	关键设计和优化技术
Murray et al.[272]	1. 新颖的硬件友好型大规模并行算法 2. 路线图和碰撞数据预计算 3. 机器人专用电路和微架构
Murray et al.[273]	1. 路线图和碰撞数据预计算 2. 运行时碰撞检测数据流 3. 完全可重定向微架构（Bellman-Ford 计算电路）
Lian et al.[283]	1. 硬件友好的数据结构，具有灵活性 2. 批处理方法，降低算法复杂度 3. 新颖的边缘排序策略，减少数据移动
Yang et al.[284]	1. 用于大规模并行性的 PIM 逻辑设计 2. 用于提升并行性和减少递归的新颖数据结构 3. 用于简化 PIM 设计的新算法（节点编码方案）

从软件方面看，简单地将现有算法映射到硬件加速可能效果不佳，因此一种解决方案是提出硬件友好的算法或数据结构，以提升大规模并行性并减少内在递归，使算法适合并行硬件架构（如 [272, 283-284]）。另一种方法是降低算法复杂度，以实现更高的性能和可扩展性（如 [283]）。还有一种解决方案是提前建立随机路线图，并预先计算边和碰撞数据，以减少运行时所需的计算量（如 [272-273, 283]）。

从硬件方面来看，一种解决方案是构建机器人专用电路和微架构，利用算法特性实现大规模并行和实时数据流（如 [272-273]）。另一个方向是减少数据移动、大量内存访问和复杂计算（如 [283-284]）。将算法智能映射到硬件逻辑并优化互连网络，也有助于实现高性能和灵活的设计（如 [273]）。这些技术还可以被利用和推广到其他实现中，为未来的工作提供指导。

系统分析

运动规划过程由多项任务组成。因此，除了单独比较碰撞检测外，我们还对整个运动规划过程进行了比较。

表 6.3 显示了 FPGA 设计 [272] 以及 PRM 与 RRT 的传统软件实现的时序数据。可以清楚地看到，运动规划的总时间（从发送障碍物数据到完成运动规划执行）平均小于 650μs。采用多种算法和硬件优化技术后，碰撞检测仅需 16μs，从整个过程的瓶颈（占总计算时间的 90% 以上）变为最快的部分之一。绝大部分时间用于操作系统和图搜索阶段，特别是 Dijkstra 的最短路径算法，需要 425μs，占总时间的 68%。在 Dadu-P 设计中也观察到类似的趋势，Dijkstra 图搜索算法占用了总计算时间的 92%。这说明碰撞检测瓶颈已被消除，并将差别转移到运动准备的其他阶段，这也是下一节将简要讨论的图搜索算法硬件优化的动机。

表 6.3　[272] 设计中路径规划所需的时间（μs），分为五个部分：在 PRM 中识别目标节点、通过 PCIe 进行通信、碰撞检测、从 PRM 中删除发生碰撞的边以及执行路径搜索。其中包括两种具有代表性的传统软件方法（在 4 核英特尔至强 CPU 上运行），以供比较

FPGA 加速运动规划						软件（CPU）	
目标 ID	通信	碰撞	删除边	路径	总计	PRM	RRT
13	118	16	50	425	622	815 000	756 000

6.3　利用 FPGA 实现图搜索

完成碰撞检测后，规划器将根据所获得的无碰撞路线图，通过图搜索尝试找到从起始位置到目标位置的最短安全路径。在上一节中，我们已经证明，在精心构建用于碰撞检测的算法和硬件后，整个运动规划过程的计算瓶颈可能会转移到图搜索上。因此，在本节中，我们将简要讨论一些用于路径搜索的 FPGA 设计。

为了在图搜索过程中找到最短路径，人们提出了各种算法。Dijkstra 算法 [289] 和 Bellman-Ford 算法 [290] 用于解决单源最短路径问题（SSSP）。就处理速度而言，Dijkstra 算法是最有效的顺序实现算法，但它需要很多迭代操作，难以并行化。Bellman-Ford 算法的迭代次数少，每次迭代的可并行化程度高，但在迭代过程中，每条边都可以处理多次。除了 SSSP，还有人提出 Warshall-Floyd 算法 [291] 来解决全对最短路径问题（APSP）。

一些研究利用通用处理器，在优化数据结构或降低计算成本方面加快了最短路径问题的处理速度。Harish 等人 [294] 和 Katz 等人 [295] 在 GPU 上实现了最短路径搜索，并探索

了大规模并行化处理，但这些设计并不擅长串行和复杂数据流。Malewicz 等人 [296] 使用带有多个 CPU 的 PC 集群来加速大规模图，但代价是占用大量空间和功耗。

为了实现更高的性能和能效，一些研究通过实施特定于应用的数据通路，设计了基于 FPGA 的图搜索加速器。大量工作集中于在 FPGA 上实现 SSSP 的 Dijkstra 算法 [292-293, 297]。Sridharan 等人 [297] 提出了一种并行算法，利用 Dijkstra 算法计算一对不同节点之间的最短路径，同时精心重用硬件以实现时间和空间效率。这种设计避免了复杂的数据结构，最大限度地减少了乘法和其他昂贵的操作。Takei 等人 [292] 改进了这一设计，实现了更高程度的并行性和大规模图搜索。通过节点数据替换方案减少了内存使用量，同时也解决了图数据从外部存储器到 FPGA 板的数据传输瓶颈。该架构的框图如图 6.9 所示。Lei 等人 [293] 从 Dijkstra 算法的变体出发，提出了在 FPGA 上实现并行 SSSP 的方法。他们实现了一个名为 ExSAPQ 的扩展脉动阵列优先级队列，以便处理大型图（图 6.10）。与 CPU 实现相比，该解决方案的速度提高了 5 倍，功耗降低了 1/4。

一些研究还侧重于在 FPGA 上加速 SSSP 的 Bellman-Ford 算法。如上一节所述，Murray 等人 [273] 利用 Bellman-Ford 算法加速了图搜索。通过利用预先计算的路线图并限定机器人数量，该设计实现了更紧凑、更高效的存储结构、数据流和低成本互连网络。Zhou 等人 [298] 选择将整个图存储在 DRAM 中，用于大型图处理。这种设计的关键技术是采用高效的数据转发方案来处理流水线架构中的数据冒险，并采用数据布局方案来有效利用外部存储器带宽。

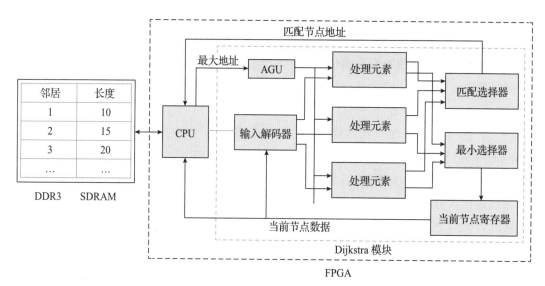

图 6.9   [292] 设计的整体架构，由外部 DDR3 内存、CPU 核心和 Dijkstra 模块组成

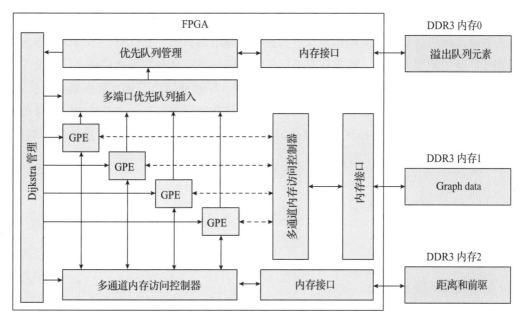

图 6.10　[293] 设计的整体架构。片外内存由三个独立的 DDR3 组成。FPGA 由多个模块组
　　　　成，包括 Dijkstra 管理、图处理引擎、多通道内存访问控制器、多端口优先队列
　　　　插入和优先队列管理

除了 SSSP，一些研究人员还加速了 Warshall-Floyd 算法对 APSP 的处理。Bond-hugula 等人[299] 采用基于 FPGA 的并行设计，使用阻塞式 Floyd-Warshall 算法[300] 来解决全对最短路径（All-Pairs Shortest-Path，APSP）问题的大型实例，与基于 CPU 的优化实现相比，速度提高了 15 倍。该设计的关键是最大限度地降低系统的相关数据移动成本。

6.4　小结

在本章中，我们介绍了机器人系统的运动规划模块以及几种常用算法。根据 6.2.1 节中的表征结果，碰撞检测占 CPU 指令的 99%，占总运动规划计算时间的 90% 以上。通过精心的算法 – 硬件协同设计，FPGA 的功耗比 CPU 低三个数量级，比 GPU 低两个数量级。这表明 FPGA 是加速运动规划核心的理想选择。我们还比较了运动规划中的几种 FPGA 和 ASIC 加速器设计，以分析内在的设计权衡。我们总结并讨论了几种 FPGA 设计技术，揭示了软件和硬件协同设计的优势，并为今后的工作提供了指导。

有几个方向需要进一步研究。一方面，端到端加速解决方案是必要的。大多数现有的 FPGA 或 ASIC 实现都是针对特定问题的，通常只加速特定的计算内核。机器人界需要一种从系统级开始的端到端运动规划和控制加速解决方案，它能整合不同的任务，并适用于广泛的机器人应用。需要研究不同任务之间的并行性和数据通信模式。不仅需要从算法计算方面，还需要从数据预处理、后处理、存储和网络带宽方面探索优化技术，以实现整体和端到端的改进。另一方面，平衡和优化权衡始终是未来设计中需要考虑的问题，例如，如何正确选择算法和硬件的组合，使设计在各种场景下实现性能、能效、可扩展性和灵活性的最佳平衡。

多机器人协作

到目前为止，我们主要关注 FPGA 在单个机器人中的应用。在本章中，我们将考虑通过机器人团队进行协作探索，其中机器人之间甚至可与基础设施共享信息 [301]。我们特别讨论了如何利用 FPGA 加速多机器人工作负载。通过本章的学习，读者将了解多机器人探索工作负载所面临的独特计算挑战，以及如何利用 FPGA 来应对这些挑战。

7.1 多机器人探索

多机器人探索（MR-exploration）[302] 为每个机器人提供位置和地图，是大量多机器人应用的基本任务，如多机器人导航 [303] 和多机器人救援 [304]。多机器人探索系统 [302, 305] 由多个机器人组成，每个机器人执行图 7.1 所示的系统。每个输入帧都被送入用于视觉里程计（VO）的特征点提取（FE，①）模块。FE 和 VO 也是单机器人应用的基本组件。

一些被称为关键帧的输入帧被输送到位置识别（PR，②）模块。PR 模块生成紧凑的图像表征，从而产生不同机器人之间的候选位置识别匹配。与单机器人系统相比，PR 是多机器人系统的主要新增模块。VO（③）匹配相邻两帧图像的特征点，生成 6DoF 姿态。虽然 VO 输出的 6DoF 姿态代表三维空间中的姿态，但我们仅使用摄像机的几条线来构建二维地图。通过将三维姿态投影到二维地图中为机器人导航，大大降低了构建地图的计算成本。此外，每个 2D 地图都与一个关键帧对齐 [306-307]。通过优化关键帧轨迹姿态，可以同步优化和合并地图。相对姿态（RelPose）模块与 VO 的操作相同，都是在不同机器人的候选匹配位置之间建立相对姿态。

去中心优化模块（DOpt，④）对来自 VO 的机器人内部相对姿态测量值和来自 RelPose 的机器人之间相对姿态测量值进行优化。在本章中，我们将展示如何使用姿态图优化（PGO）[308] 来完成 DOpt。PGO 只优化关键帧轨迹姿态，而不优化关键点。由于关键帧的数量远远少于特征点的数量，因此 PGO 的速度已被证明比光束平差（Bundle Adjustment，BA）算法 [309] 快得多，后者不仅优化轨迹，还优化特征点。全局地图生成模块（⑤）合并地图。探索模块（⑥）根据合并后的地图和估计位置，决定每个机器人移动的未探索目标点。导航模块（⑦）引导每个机器人到达目标点，包括路径规划和避障。

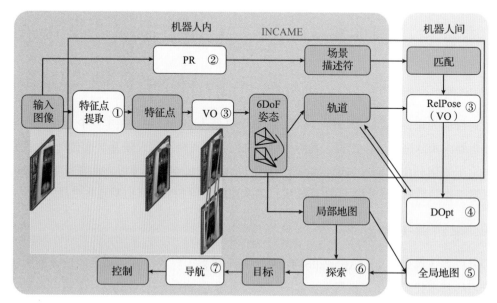

图 7.1   多机器人探索的组件。每个帧都需要以较低的延迟执行①③。②在一些关键帧上运行。INCAME（Interruptible CNN Accelerator For Multirobot Exploration，用于多机器人探索的可中断 CNN 加速器）基于 CNN 加速器实现②，并优化了①②③之间的调度

借助二维地图（⑤）和快速 PGO（④），我们在嵌入式 CPU 上部署了地图合并和优化功能。PR（②）、特征点提取（①）和 VO（③）成为计算量最大的模块。我们在 Xilinx MPSoC[310] 上优化了 CPU 端（处理系统，PS）和 FPGA 端（可编程逻辑，PL）上这些组件的调度。

最近的研究使用 CNN 提取特征点 [311-313] 并生成位置表示代码 [72, 314]。与流行的手工提取方法 ORB[315] 相比，基于 CNN 的特征点提取方法 SuperPoint[311] 的匹配精度提高了 10% ～ 30%。基于另一种 CNN 的方法 GeM[72]，位置识别代码的准确率也比手工方法 root- SIFT[73] 高出约 20%。

因此，越来越多的机器人系统采用了 CNN。除了这两个组成部分，未来还可以在机器人中引入更多基于 CNN 的方法，如语义分割 [316] 和物体检测 [317]，以实现更好的性能。

另一方面，CNN 的计算成本很高。基于 CNN 的 SuperPoint 特征点提取的单次推理耗费 39G 运算 [311]，而基于 CNN 的 GeM 位置识别的单次推理耗费 192G 运算 [72]。因此，研究者设计了 FPGA 上的特定硬件架构 [90, 92, 318-320]，以便在嵌入式系统上部署 CNN。在神经网络量化和片上数据重用的帮助下，嵌入式 FPGA 上的 CNN 加速器速度达到 3TOP/s[320]，可支持基于 CNN 的特征点提取的实时执行 [311]。然而，这些基于 FPGA 的 CNN 加速器是为加速单个 CNN 而设计和优化的。它们无法同时自动调度两个或多个任务。

在本章中，我们将简要介绍利用基于 FPGA 的 CNN 加速器的多机器人探索。FE 和 PR 的 CNN 主干在 FPGA 加速器（Angel-Eye[92]）上执行。其他操作，包括基于 CNN 的 FE 和 PR 的后处理，在 Xilinx ZCU102 评估板的 PS 端运行 [321]。图 7.2 展示了每个组件的时间线。FE 和 PR 的线程可能需要同时处理 CNN，而同时请求加速器会导致硬件资源冲突。对于基于 FPGA 的 CNN 加速器而言，由于无法实现多任务处理，机器人研究人员很难使用嵌入式 FPGA。

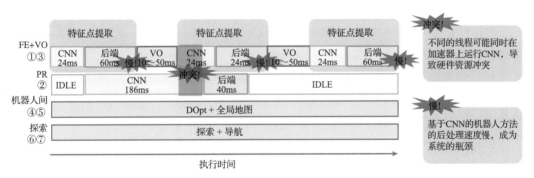

图 7.2　多机器人探索的整体时间线。FPGA 加速器适用于 FE 和 PR。这两个软件线程同时占用一个 FPGA 加速器会导致硬件资源冲突。在嵌入式 CPU 上对带有特征点的 VO 进行后处理会耗费大量时间，无法满足实时性要求

为了方便机器人研究人员在 FPGA 加速器上同时运行不同的 CNN 任务，FPGA 加速器应支持以下功能。

多线程：机器人中的不同组件来自不同的开发商。因此，机器人操作系统（ROS）[63] 被提出作为融合这些独立组件的中间件，并被机器人研究人员广泛使用。在 ROS 中，每个组件都被视为一个独立的线程。不同的线程应能独立访问加速器，而不知道其他线程的状态。

动态调度：CNN 的执行取决于其他操作。例如，基于 CNN 的 FE（图 7.1 中的①）需要在 VO（③）完成后执行。VO 在 CPU 上运行，执行时间随输入数据的变化而变化 [322]

（图 7.2 中为 10 ～ 50ms）。加速器无法预测何时启动任务。因此，FPGA 加速器应动态调度，以支持软件的不规则任务请求。

按优先级调度：不同的组件有不同的优先级。控制和感知任务的优先级通常较高，而长期决策和优化任务的优先级较低 [323]。对延迟敏感的关键任务需要首先在加速器上处理。20 世纪 60 年代，CPU 引入了中断 [324] 的概念。它使 CPU 能够根据优先级支持动态多任务调度，以满足这三种功能。因此，我们在本章中将中断概念引入 CNN 加速器，以支持基于 FPGA 的加速器上的多任务。

除了 CNN 主干网，基于 CNN 的方法的后处理（包括归一化、软最大值、秩等）也是计算密集型的。如图 7.2 所示，FE 在嵌入式 CPU 上的后处理执行时间（约 60ms）超过了 CNN 主干网在加速器上的执行时间（约 30ms），成为系统的瓶颈。如前所述，CNN 被广泛应用于各种机器人任务中。这些不同任务的后处理可能成为系统的新瓶颈。有必要使用 FPGA 来加快后处理速度，同时还需要一个框架来有机整合 CNN 骨干和后处理操作。

为应对上述挑战，我们推出了用于多机器人探索的可中断 CNN 加速器（INCAME），以便在 FPGA 上快速部署机器人应用。详情如下。

- 我们提出了一个基于 CNN 的多机器人探索框架 INCAME。在 ROS 平台上使用 FPGA 加速基于 CNN 的 FE 和 PR 方法 [63]。在 ROS 统一接口的帮助下，其他开发人员可以在不同应用中轻松使用这些基于 CNN 的方法。
- 我们提出了一种基于虚拟指令的中断方法，使 CNN 加速器支持按优先级动态调度多任务。该方法解决了在 ROS 上加速不同 CNN 任务时的硬件资源冲突问题。
- 我们提出了后处理操作的数据流，并且为优化后处理设计了硬件模块。这种软硬件协同优化确保了多机器人探索的实时性能。

本章其余部分安排如下。7.2 节介绍使用 ROS 的 INCAME 框架。7.3 节详细介绍基于虚拟指令的中断。7.4 节对中断方法进行评估，并给出了在 FPGA 上进行多机器人探索的示例。7.5 节对本章进行小结。

7.2 基于 FPGA 多任务的 INCAME 框架

为解决 ROS 软件访问 CNN 加速器时的硬件资源冲突问题，我们提出了 INCAME 框架。处理硬件资源冲突的基本思路是在 CNN 加速器上启用中断，如图 7.3 所示。

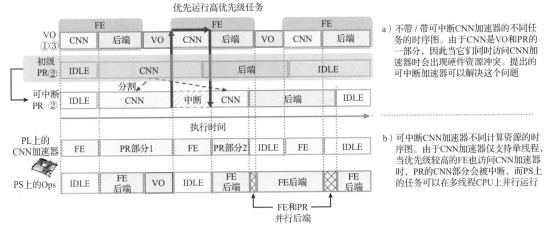

图 7.3　解决硬件资源冲突的加速器中断示意图。当高优先级任务（FE）在低优先级任务（PR）完成之前启动时，CNN 加速器会将低优先级任务的状态备份到内存，并处理高优先级任务。高优先级任务完成后，低优先级任务恢复并继续

7.2.1　ROS 中的硬件资源冲突

ROS 简介

构建机器人需要许多不同的组件，包括传感器、感知算法和来自不同开发商的控制单元。ROS[63] 的提出就是为了将不同研究人员的组件融合到一个真正的系统中。

在 ROS 中，每个功能模块（如 FE、PR 和 VO）都被称为一个节点。每个节点都是在 CPU 上运行的独立线程，不知道其他线程的运行状态。

节点可以发布 ROS 话题并订阅话题。发布节点和订阅节点连接到同一个话题来传输信息。订阅节点通过回调函数处理收到的话题。图 7.4a 中的第 6 行和第 7 行将话题（InputFrame）与回调函数（用于提取特征点的 FEcallback）绑定。在回调函数中，ROS 节点处理 CNN 主干网以生成中间数据（FECnn），并执行以生成的中间数据为输入的后处理。如果有新的话题到达，但回调函数尚未处理完前一个话题，新话题将缓存在 ROS 的消息队列中。

ROS 中的硬件资源冲突

虽然 ROS 正在成为机器人技术的基础软件平台，但不同 ROS 节点之间的独立性给访问硬件加速器带来了硬件资源冲突的挑战。图 7.4a 中的第 5 行和图 7.4b 中的第 4 行为节点初始化加速器。图 7.4a 和图 7.4b 中的第 2 行分别在加速器上运行 CNN 主干网。ROS 中的不同节点会独立初始化和运行 CNN 加速器，这可能会导致硬件资源冲突。为

解决这一问题，我们在初始化阶段设置了不同任务的优先级（优先级参数），并启用加速器中断，优先调度优先级高的任务。

```
1. def FEcallback(inputframe):
2.     FECnn = CnnAcc.run(inputframe)
3.     result = FEpostprocess(FECnn)

4. def main():
5.     CnnAcc = InitAccelerator(priority=0)
6.     Subscriber = Node.subscribe(InputframeTopic, FEcallback)
7.     Subscriber.Spin()
```

a）FE 节点的ROS示例

```
1. def PRcallback(inputframe):
2.     ... // run CNN and post-processing for PR

3. def main():
4.     CnnAcc= InitAccelerator(priority=1)
5.     ... // Subscribe to topic
```

b）PR 节点的ROS示例

图 7.4　ROS 代码示例。在 ROS 中，每个软件功能都被打包成一个独立的节点。节点订阅包含数据结构的话题，并通过回调函数（图 a 中的 FEcallback 和图 b 中的 PRcallback）处理这些数据。不同的节点不知道其他节点的运行状态。在 INCAME 中，开发人员只需提供每个任务的优先级（优先级 =0 或 1），硬件就会对这些任务进行调度。用于 FE 后处理的 FPGA 加速器使用 ScratchPad 内存直接使用 CNN 结果（图 a 中的 FECnn），无须复制内存

加速器中断

图 7.3 展示了中断调度两个 CNN 任务的思路。在运行低优先级网络（PR）的过程中，软件可能会发送高优先级任务（FE）的执行请求。中断会使 CNN 加速器备份低优先级 PR 网络的运行状态。然后，加速器切换到高优先级的 FE 网络。高优先级任务（FE）完成后，低优先级任务（PR）恢复至加速器并继续执行。

7.2.2　带 ROS 的可中断加速器（INCAME）

图 7.5a 展示了将基于 ROS 的软件映射到嵌入式 FPGA 的两步 INCAME 框架。第一步是任务分解，将 ROS 节点中的计算分解为不同的 INCAME 计算类型，包括 CNN 骨干、CNN 后处理和其他 CPU 任务。

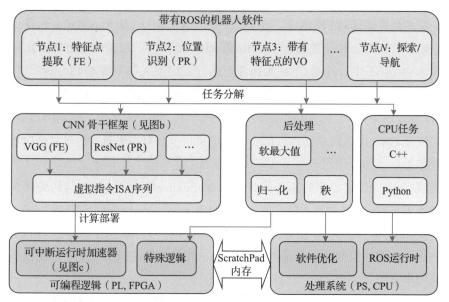

a）在任务分解阶段，同ROS节点中的操作被发送给CNN主干网、CNN后处理和其他CPU任务。在计算部署时，CNN主干和后处理均采用硬件模块和软件优化进行部署

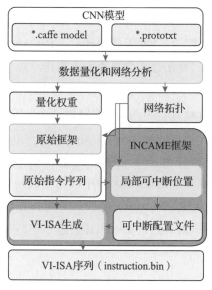

b）在编译步骤，INCAME定位中断位置，添加虚拟指令，并生成虚拟指令 ISA（VI-ISA）序列

c）在运行时，IAU从DDR中获取VI-ISA指令，并将VI-ISA序列转换为在加速器上执行的原始ISA序列

图 7.5　图 a 为 INCAME 框架。CNN 主干网被安排在 CNN 加速器上，后处理操作被安排在特殊逻辑上。对于 CNN 主干网，INCAME 在编译阶段插入虚拟指令（图 b），并在运行时动态调度不同的任务（图 c）

第二步是将计算部署到 FPGA 上。不同任务的 CNN 骨干（如 SuperPoint 特征点提取中的 VGG 模型 [311] 和 GeM 位置识别中的 ResNet101 模型 [72]）被编译到可中断虚拟指令集体系结构（VI-ISA）中，并在 CNN 加速器上运行。VI-ISA 是对原始 ISA 的简单扩展，扩展方法不局限于特定的原始 ISA。因此，基于虚拟指令的中断可轻松应用于各种基于指令的 CNN 加速器 [90, 318]，如 Angel-Eye[92] 和 DPU[325]。VI-ISA 中有一些新的虚拟指令，负责备份和恢复 CNN 的运行状态和数据。这些虚拟指令只有在中断发生时才会执行，否则会被跳过和丢弃。

硬件模块用于 CPU 密集型的 Softmax[326] 和 Normalization[327]。一些与任务相关的软件优化，如秩（ranking）和非最大值抑制（Non-Maximum Suppression，NMS）[328]，以及其他用 C++/Python 编写的 ROS 任务，则在 CPU 端处理。为了消除 CPU 核心和 CNN 加速器之间的内存复制，我们使用低延迟 ScratchPad 内存 [329]，将 CNN 主干网的结果直接馈送给后处理模块。

图 7.5b 详细介绍了 INCAME 的编译阶段。在编译阶段，INCAME 将 CNN 模型从软件框架转换为指令序列，这些指令序列可在可中断 CNN 加速器中执行。Caffe[81] 是一种流行的 CNN 软件框架，*.caffemodel/*.prototxt 文件定义了 Caffe 中的网络参数和结构。之前的部署过程，如 Angel-Eye[92] 和 DPU[325]，会量化权重并分析网络拓扑。原始编译器会将网络拓扑和量化信息转化为原始 ISA 序列。与之前的 CNN 编译器相比，INCAME 更进一步。它在原始指令序列中选择优化的中断位置，并在这些位置添加虚拟指令以启用加速器中断。然后，将原始指令序列和添加的虚拟指令封装到新的可中断 VI-ISA 中。封装后的 VI-ISA 指令被转存到一个文件（instruction.bin）中，并可加载到 FPGA 的 DDR 上的指令空间中。

如图 7.5c 所示，在运行时，FPGA 结构上的一个硬件——指令编排单元（IAU）与 CNN 加速器一起监听来自 ROS 软件的中断请求，获取相应的 VI-ISA 可中断指令，并将其转换为在 Angel-Eye 中的 CNN 加速器上执行的原始 ISA[92]。虽然 INCAME 可应用于各种基于指令的 CNN 加速器，但我们基于 Angel-Eye[92] 对其进行实施和评估。

7.3 基于虚拟指令的加速器中断

第 3 章说明了 CNN 是机器人的核心组件之一，并介绍了基于 FPGA 的 CNN 加速器。在之前介绍的基于 FPGA 的 CNN 加速器的基础上，本章将介绍基于 FPGA 的 CNN 加速器对多任务的支持。借助基于 FPGA 的多任务 CNN 加速器，可以实现多机器人探索任务。

7.3.1 指令驱动加速器

指令驱动加速器中有三类指令：LOAD、CALC 和 SAVE[90, 92, 318]。图 7.6a 和表 7.1 给出了关于各类指令的说明。

类型	地址1	地址2	地址3	工作负载

a）CNN加速器的原始指令集

					2位	16位
类型	地址1	地址2	地址3	工作负载	虚拟	SaveID

b）虚拟指令中断法的扩展指令集

图 7.6　图 a 为原始 ISA，图 b 为 VI-ISA

表 7.1　基本指令说明

类别	类型	描述	地址 1	地址 2	地址 3	工作负载	备份	恢复
LOAD	LOAD_W	负载权重 / 从 DDR 到片上权重缓冲区的偏移	片外地址	权重缓冲区地址		数据长度		权重 / 输入数据
	LOAD_D	从 DDR 到片上数据缓冲区的负载输入数据	片外地址	数据缓冲区地址		数据长度		权重 / 输入数据
CALC	CALC_I	从部分输入通道计算某些输出通道的中间结果	输入数据地址	中间数据地址	权重地址	计算大小	之前的最终结果 / 中间数据	权重 / 输入数据 / 中间数据
	CALC_F	从所有输入通道计算某些输出通道的结果。池化、偏置添加和逐元素运算在此指令中操作	输入数据地址	输出数据地址	权重地址	计算大小	最终结果	输入数据
SAVE	SAVE	将结果从片上数据缓冲区保存到 DDR	片外地址	数据缓冲区地址		数据长度		输入数据

LOAD 指令将输入特征图和权重从 DDR 移至片上内存。SAVE 指令将计算出的输出特征从片上内存移至 DDR。

包括 CALC_I 和 CALC_F 在内的每条 CALC 指令都根据从 P_{in} 输入通道到 P_{out} 输出通道的 P_h 线的硬件并行性处理卷积。P_h、P_{in} 和 P_{out} 是沿高度、输入通道和输出通道维度的并行性，由硬件和原始 ISA 决定。

图 7.7a 说明了 CALC 指令的操作。最后一个 P_{in} 输入通道的卷积为 CALC_F，前一个输入通道的卷积为 CALC_I。相同输出通道的 CALC_F 和 CALC_I 指令，以及相应输入特征图和权重的 LOAD 指令被视为一个 CalcBlob（7.3.7 节给出了 CalcBlob 的示例）。在

每个 CalcBlob 中，都有一条 LOAD_W 指令用于相应的权重。不过，当只有少数输入通道（如 $Ch_{in} = P_{in}$）时，只需一条 LOAD_D 指令即可将 CalcBlob 所需的所有输入数据取入芯片。在 CalcBlob 执行期间，输入缓冲区保持不变。对于下一个 CalcBlob，由于所需的输入数据完全相同，因此无须执行 LOAD_D。因此，有些 CalcBlob 没有 LOAD_D 指令。

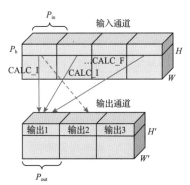

a）指令驱动的 CNN 加速器的调度。$Para_{out}$ 输出通道的
最终结果在下一个输出通道之前计算

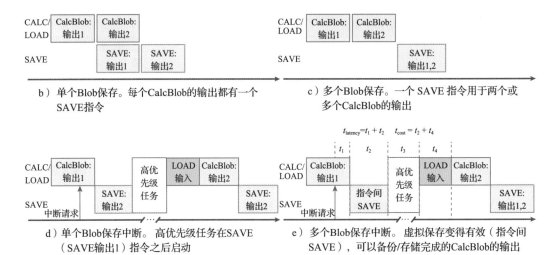

b）单个 Blob 保存。每个 CalcBlob 的输出都有一个
SAVE 指令

c）多个 Blob 保存。一个 SAVE 指令用于两个或
多个 CalcBlob 的输出

d）单个 Blob 保存中断。高优先级任务在 SAVE
（SAVE 输出 1）指令之后启动

e）多个 Blob 保存中断。虚拟保存变得有效（指令间
SAVE），可以备份/存储完成的 CalcBlob 的输出

图 7.7   CNN 加速器调度示意图。在图 a 中，CalcBlob 是计算从所有输入通道到 P_{out} 输出
通道的最终结果的指令（实心箭头集）。在图 b 中，一条 SAVE 指令只负责保存一
个 CalcBlob 的结果。在图 c 中，一条 SAVE 指令负责保存多个 CalcBlob 的结果。
图 d 和图 e 展示了图 b 和图 c 的加速器中断。图 e 中标注了延迟（$t_{latency}$）和额外成
本（t_{cost}）

7.3.2 如何中断：虚拟指令

如图 7.7e 所示，处理中断分为四个阶段：完成当前操作的时间 t_1，备份时间 t_2，高优先级任务的时间 t_3，恢复低优先级任务的时间 t_4。延迟时间为

$$t_{\text{latency}} = t_1 + t_2 \tag{7.1}$$

中断的额外成本是

$$t_{\text{cost}} = t_2 + t_4 \tag{7.2}$$

对于图 7.7c 所示的指令流，中断阶段如图 7.7e 所示。在基于 FPGA 的 CNN 处理器中实现中断有多种方法。

类似 CPU。当 CPU 发生中断请求时，CPU 会将所有片上寄存器备份到 DDR。然而，CPU 中只有几十个寄存器，备份数据的容量不到 1KB[330]。在基于 FPGA 的 CNN 加速器中，有数百 KB 至数百 MB 的片上缓存 [90, 92]，用于存储输入特征图或权重。因此，额外的数据传输会增加中断响应延迟（t_{latency}）和额外成本（t_{cost}）。

逐层运行。大多数加速器逐层运行 CNN[90, 92]。加速器在每一层后切换不同任务时不需要额外的数据传输，因此 $t_{\text{cost}} = 0$。然而，中断请求的位置是不规则且不可预测的。当中断发生在一个 CNN 层内时，CNN 加速器需要完成整个层的切换，这就导致了较高的响应延迟（t_{latency}）。

我们提出了基于虚拟指令的方法（VI 方法）来实现低延迟中断。基于虚拟指令的方法在各层内部均可中断，这可以减少中断响应延迟。我们在原始指令序列中添加一些虚拟指令来启用中断。虚拟指令包含备份和恢复指令，负责备份和恢复片上缓存。

虚拟 SAVE 指令可备份部分输入通道的中间结果或最终输出结果。无须备份输入特征图和权重，因为这些输入已存储在 DDR 中。

虚拟 LOAD 指令将输入特征映射从 DDR 还原到片上缓存。

虚拟加载指令还需要还原由虚拟保存指令备份的部分输入通道的中间结果。

7.3.3 何处中断：在 SAVE/CALC_F 后

基于虚拟指令的方法有两个可能导致系统性能下降的潜在因素：备份 / 恢复运行状态的额外数据传输会占用额外的带宽资源，虚拟指令的指令获取也会占用带宽资源。针对基于虚拟指令的方法的上述问题，我们分析了中断成本，并选择了添加虚拟指令的位置。表 7.1 的"备份 / 恢复"列给出了每种指令在不同中断位置的备份 / 恢复数据。每种指令

的备份 / 恢复数据传输分析如下。

LOAD_W/LOAD_D。当 LOAD 发生中断时，新加载的数据会在运行高级 CNN 时立即被刷新，从而造成带宽浪费。

CALC_I。当 CALC_I 发生中断时，应将未保存的最终结果（由之前的 CALC_F 生成）保存到 DDR 中。当前 CALC_I 的中间数据也应发送到 DDR 以供进一步使用。在恢复阶段，应从 DDR 提取中间数据。中间结果的数据移动会导致额外的带宽需求。

CALC_F。当中断发生在 CALC_F 时，没有中间结果。尽管需要备份之前 CALC_F 产生的未保存的最终结果，但这些结果将通过后续的原始 SAVE 指令保存在 DDR 中。如果加速器能够记录中断状态，我们就可以在执行后续的非虚拟原始保存指令时修改地址和工作负载。这样，我们就可以避免重复传输最终输出结果。输入数据在 CalcBlob 中共享。因此，恢复虚拟指令需要恢复共享的输入特征图。

SAVE。中断的成本仅用于将输入数据从 DDR 传输到片上缓存。

为了最大限度地降低中断成本，我们让 CNN 在 SAVE 或 CALC_F 之后中断。这种方法只引入额外的数据传输来恢复输入数据，没有任何额外的备份数据（$t_2=0$）。因此，在基于虚拟指令的中断中，$t_{cost}=t_4$。

7.3.4　延迟分析

在本节中，我们将分析可中断位置对中断响应延迟的影响。

如 7.3.1 节所述，每条 CALC 指令根据从 P_{in} 输入通道到 P_{out} 输出通道的 P_h 线的硬件并行性处理卷积。每个脉冲的计算时间与硬件架构和卷积层的宽度有关。宽度越大，单条计算指令的工作量就越大，因此 CALC 指令消耗的时间就越长。我们注意到一条 CALC 指令一个脉冲的计算量和一个脉冲的耗时与特征图宽度 t_{pulse} 的函数关系：

$$t_{pulse}(W) = t_{hw} \times W \tag{7.3}$$

t_{hw} 表示硬件在输出结果中生成一个像素所需的时间，由架构和时钟频率决定。W 是特征图的宽度，表示指令的工作负载。

逐层计算法中最糟糕的中断响应延迟是从一层开始等待，直到整层计算结束。整层的计算由 N_{pulse}^{lbl} 个连续的 CALC 指令组成，这与工作负载（Ch_{in}，Ch_{out}，H）和硬件并行性（P_{in}，P_{out}，P_h）有关：

$$N_{pulse}^{lbl} = \frac{Ch_{in} \times Ch_{out} \times H}{P_{in} \times P_{out} \times P_h} \tag{7.4}$$

我们注意到，等待完成当前层的最坏时间，即这些脉冲的总时间为 t_1^{lbl}：

$$t_1^{\text{lbl}} = N_{\text{pulse}}^{\text{lbl}} \times t_{\text{pulse}}(W) \tag{7.5}$$

Ch_{in} 和 Ch_{out} 是输入通道和输出通道的数量，H 是特征图的高度。

另一方面，如果可以在 SAVE/CALC_F 指令后中断 CNN 加速器的执行，则等待完成当前操作的最坏情况如图 7.8b 所示。在虚拟指令方法中，整个 CalcBlob 的计算由 $N_{\text{pulse}}^{\text{VI}}$ 条连续的 CALC 指令组成：

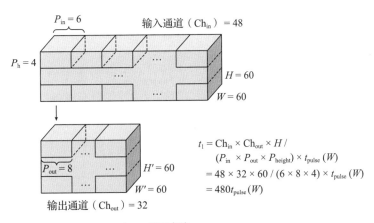

a）t_1，逐层方法

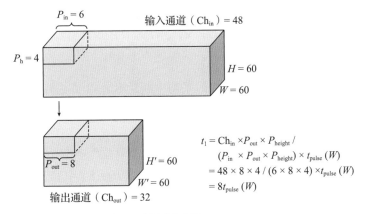

b）t_1，虚拟指令方法

图 7.8　卷积层中完成当前操作（t_1）的等待时间示例。在这个例子中，与逐层方法相比，虚拟指令方法的等待时间缩短为原来的 1.6%。等待时间的缩短与输入特征图的高度（H）有关

$$N_{\text{pulse}}^{\text{VI}} = \frac{\text{Ch}_{\text{in}} \times P_{\text{out}} \times P_{\text{h}}}{P_{\text{in}} \times P_{\text{out}} \times P_{\text{h}}} \quad\quad (7.6)$$

我们注意到，VI 方法的最长等待时间 t_1^{VI} 为：

$$t_1^{\text{VI}} = N_{\text{pulse}}^{\text{VI}} \times t_{\text{pulse}}(W) \quad\quad (7.7)$$

VI 方法中的备份操作只传输最终结果，而逐层方法中的 SAVE 指令也会将最终结果传输到 DDR。实验结果（将在 7.4.2 节中给出）表明，在逐层方法（t_2^{lbl}）和 VI 方法（t_2^{VI}）中，最终结果的数据传输时间都远远少于计算时间（不到 20%）：

$$t_2^{\text{lbl}} \ll t_1^{\text{lbl}}; t_2^{\text{VI}} \ll t_1^{\text{VI}} \quad\quad (7.8)$$

因此，响应中断请求的延迟（式（7.1）中的 t_{latency}）主要取决于完成当前操作的时间（t_1）。由于中断请求不可预测，我们将中断位置建模为均匀分布在各层中。因此，平均中断延迟为：

$$\bar{t}_{\text{latency}} \simeq \frac{1}{2} \times t_1 \quad\quad (7.9)$$

与逐层方法相比，我们的方法的延迟时间缩短到 R_1：

$$R_1 = \frac{\bar{t}_{\text{latency}}^{\text{VI}}}{\bar{t}_{\text{latency}}^{\text{layer}}} \simeq \frac{\frac{1}{2} \times t_1^{\text{VI}}}{\frac{1}{2} \times t_1^{\text{layer}}} \quad\quad (7.10)$$

$$= \frac{N_{\text{pulse}}^{\text{VI}}}{N_{\text{pulse}}^{\text{lbl}}} = \frac{\text{Ch}_{\text{in}} \times P_{\text{out}} \times P_h}{\text{Ch}_{\text{in}} \times \text{Ch}_{\text{out}} \times H} = \frac{P_{\text{out}} \times P_h}{\text{Ch}_{\text{out}} \times H}$$

$\bar{t}_{\text{latency\_VI}}$ 和 $\bar{t}_{\text{latency\_VI}}$ 是虚拟指令法和逐层法的平均中断延迟。VI 方法降低延迟的效果与输出通道数（Ch_{out}）和特征图高度（H）有关。特征图输出通道数和高度越大，延迟降低效果越好。

图 7.8 给出了一个卷积层的典型尺寸。图中标注了参数（P_{out}=8，P_h=4，Ch_{out}=32，H=60）。根据式（7.10），延迟可降至 $R_t = (P_{\text{out}} \times P_h)/(\text{Ch}_{\text{out}} \times H) = (8 \times 4)/(32 \times 60) = 1.6\%$。更多结果将在 7.4.2 节中给出。

7.3.5 虚拟指令 ISA

我们为指令集添加了两个域——虚拟和 SaveID，如图 7.6b 所示。

虚拟域。虚拟指令只有在中断发生时才有效。因此，我们在原有的 ISA 中添加了一个域，用于指示该指令是否为虚拟指令。如果没有中断发生，虚拟指令将被跳过和丢弃，这样可以保证不间断执行的效率。虚拟域可以设置三个值。

- 2'b00 表示该指令不是虚拟指令，应始终执行。
- 2'b01 表示该指令是用于备份的 SAVE 指令。当中断发生时，高优先级网络将在此指令后启动。
- 2'b10 表示该指令是用于恢复的 LOAD 指令。相应指令将在高优先级网络之后执行。

SaveID 域。SaveID 将 CalcBlob 指令与相应的 SAVE 链接起来。每个非虚拟 SAVE 指令的 SaveID 都不同。如果通过 SAVE 指令将 CalcBlob 生成的输出存储到 DDR，则 CalcBlob 具有与 SAVE 指令相同的 SaveID。

一条 SAVE 指令可以对应一个 CalcBlob（单个 Blob 保存，如图 7.7b 所示）或多个 CalcBlob（多个 Blob 保存，如图 7.7c 所示）。

对于单个 Blob 保存，不添加虚拟 SAVE。高优先级网络可在原始非虚拟 SAVE 之后启动。用于数据恢复的虚拟 LOAD 指令在原始 SAVE 之后生成，并在高优先级网络之后执行。执行时间线如图 7.7d 所示。

对于多个 Blob 保存，虚拟 SAVE 和 LOAD 指令在每个 CalcBlob 的 CALC_F 之后生成。当中断请求发生时，虚拟 SAVE 指令将在高优先级网络开始之前执行。用于数据恢复的虚拟 LOAD 指令将在高优先级网络之后执行。随后，与 CalcBlob 具有相同 SaveID 的原始非虚拟 SAVE 指令将被修改，以避免重复的输出数据传输。执行时间线如图 7.7e 所示。

7.3.6 指令编排单元

指令编排单元（InstructionArrangementUnit，IAU）是处理不同优先级任务计算要求的硬件。IAU 监控中断状态并生成原始 ISA 指令序列。原始 CNN 加速器无须了解中断状态，只需执行 IAU 提供的指令。

IAU 的硬件实现如图 7.9 所示，它支持四个具有不同优先级的任务。任务 0 的优先级最高，且不可中断。InstrAddr 记录了获取相应任务指令的地址。InputOffset 和 OutputOffset 表示输入和输出数据的基地址偏移，由软件配置。SaveID、SaveAddr 和 SaveLength 记录中断发生时的状态。随后的非虚拟 SAVE 指令将根据记录的中断状态（SaveID、SaveAddr 和 SaveLength）进行修改，以避免重复传输输出数据。

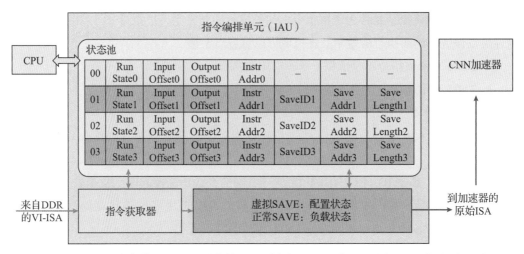

图 7.9 IAU 的硬件架构。CPU 上的软件（PS 端）与 IAU 通信，以访问 CNN 加速器。IAU
记录每个任务的运行状态，并将输入虚拟指令序列（VI-ISA）转换为正常指令序列
（原始 ISA）

7.3.7 虚拟指令示例

该示例基于一个直接的卷积层，它只有一个输入通道和两个输出通道。卷积核大小
为 1×1，输入和输出特征图的形状为 2×16（图 7.10a）。本例中 CALC 指令的并行性为
$P_{in}=1$，$P_{out}=1$，$P_h=2$。

因此，两个输出通道由两条 CALC_F 指令（图 7.10c 中的指令 3 和 7）计算。指令示
例中使用的地址列于图 7.10b。图 7.10c 是使用 VI-ISA 的 DDR 指令序列。图 7.10d 是在
没有中断的情况下执行的原始 ISA 指令。当第一个 CalcBlob 发生中断时，图 7.10e 展示
了备份 / 恢复指令（蓝色）和修改后的 SAVE 指令（红色）。

7.4 评估和结果

7.4.1 实验设置

硬件在环的评估环境如图 7.11a 所示。仿真服务器基于 AirSim[331] 提供仿真环境，
AirSim 是针对自动驾驶车辆的高保真视觉和物理仿真。AirSim 仿真服务器为每个 agent
提供摄像机数据。带有 ZU9 MPSoC[310] 的两块 Xilinx ZCU102 板 [321] 负责每个 agent 的计
算。图 7.1 中每个 agent 的组件都是在 ZCU102 板上实现的。前几节介绍了 FE（图 7.1 中
的①）、SuperPoint [311]）的实现。GeM[72] 用于实现 PR 模块（②）。GeM 是一种基于 CNN
的方法，以 ResNet101 为骨干，GeM 的后处理计算输出特征图的 3-norm。

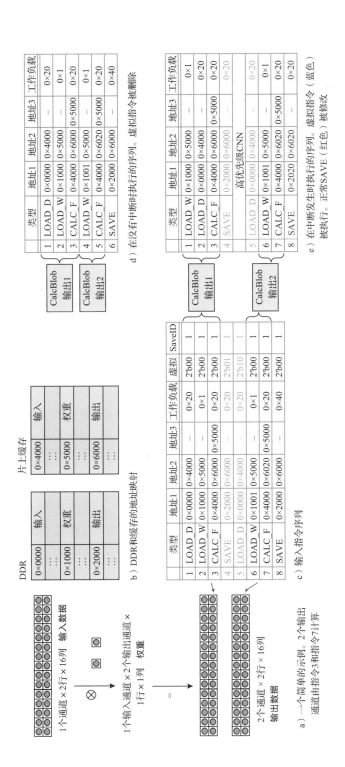

图 7.10　我们提出的基于虚拟指令的中断的一个简单示例：a) CNN 层结构；b) 不同数据的片上地址和 DDR 地址；c) VI-ISA 中的指令序列，蓝色指令为虚拟 SAVE 和 LOAD；d) 未发生中断时执行的指令序列，蓝色指令被修改，红色指令被删除；e) 发生中断时执行的指令

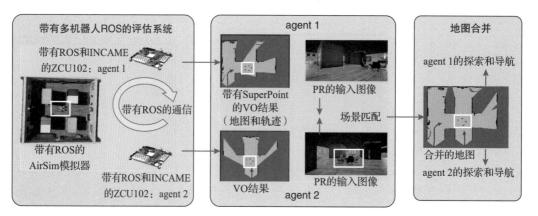

a）基于ROS的多agent评估系统。AirSim 模拟器运行在服务器上，为两个agent 提供输入图像。每个agent的计算运行 在带有INCAME的ZCU102板上。通 信基于ROS

b）地图和轨迹（左）是由VO基于 SuperPoint特征点生成的。两个 输入图片来自同一场景（右），椅子在白框中。这两张图的PR 表示是相似的

c）检测到相同场景后，通过 相似场景评估两个agent的 相对姿态。地图和轨迹通 过相对姿态合并

图 7.11　多机器人探索：环境和结果。a）基于 ROS 的硬件在环系统。b）图 7.1 中的机器 人组件，FE、PR、VO 等在每个硬件平台上进行处理。圆圈中的数字表示图 7.1 中的组件。c）合并地图和轨迹的结果

实验中的 VO 模块（③）是 PnP[332] 方法，该方法广泛应用于基于特征点的 VO。 DOpt 模块（④）是在文献 [308] 中提出的，在之前的分布式 SLAM 系统 [305] 中也有使用。 本研究中的地图合并（⑤）、探索（⑥）和导航（⑦）由 ROS 框架提供，在 CPU 端运行。

表 7.2 列出了硬件资源。硬件资源在硬件实现后由 Vivado 提供。Vivado 是 Xilinx 提供的 MPSoC 开发工具链。CNN 主干由 ZCU102 FPGA（可编程逻辑，PL 端）上的 Angel-Eye CNN 加速器 [92] 计算。FE 后处理步骤在我们提出的加速器上运行，也在 PL 侧。PL 侧有两个时钟频率。CNN 加速器和 IAU 的运行频率为 300MHz。用于 FE 后处理 的加速器运行频率为 200MHz。与 CNN 加速器相比，IAU 和 FE 后处理使用的硬件资源 最少。

表 7.2　所提出硬件方案的硬件消耗量

	#DSP	#LUT	#FF	#BRAM
板上资源	2 520	274 080	548 160	912
CNN 加速器	1 282	74 569	171 416	499
IAU	0	2 268	4 633	4
FE 后处理	25	17 573	29 115	10

7.4.2 基于虚拟指令的中断

中断响应延迟和额外成本

我们评估了响应中断的延迟（$t_{latency}$）和不同中断方法的性能下降（t_{cost}）。在多机器人探索中，只有低优先级 PR 任务可以中断，而且中断位置不可预测。实验中使用 GeM[72] 实现 PR 模块。GeM 的 CNN 骨干是 ResNet101，包含 101 个卷积层。CNN 的输入形状为 $480 \times 640 \times 3$。Angel-Eye 的并行度为 $P_h = 8$，$P_{in} = 16$，$P_{out} = 16$，即每条 CALC 指令处理 8 条线，从 16 个输入通道到 16 个输出通道。

在类似 CPU 的方法中，响应中断的延迟包括完成当前执行指令的时间和片上数据 / 权重缓存（共 2.2MB）的数据备份时间（$t_{latency} = t_1 + t_2$）。逐层中断的延迟是完成当前层的时间。基于虚拟指令的方法的延迟是完成当前执行指令的时间和计算输出结果的备份时间。

类似 CPU 中断的成本是所有片上缓存（共 2.2MB）与 DDR 之间的数据传输时间（$t_{cost} = t_2 + t_4$）。基于虚拟指令的方法的成本仅是将输入 / 权重从 DDR 恢复到片上缓存的时间（$t_{cost} = t_4$）。逐层中断没有额外成本。

我们随机抽取了 ResNet101 CNN 主干网的 12 个位置。图 7.12 列出了这些位置上不同中断实现的中断响应延迟和额外时间成本。类似 CPU 中断消耗的额外成本（t_{cost}）最高。虽然逐层中断不消耗额外时间，但其延迟却远高于基于虚拟指令的中断。这是因为逐层中断需要等待整层中断完成。而我们提出的方法在相同中断位置的性能可以在层内中断，延迟时间更短。

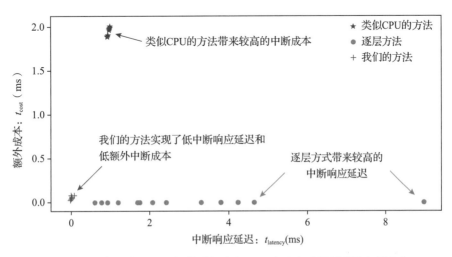

图 7.12　中断响应延迟和额外时间成本。VI 方法实现了低延迟和低成本

此外，虽然不同 CNN 的网络结构不同，但作为 CNN 基本组成部分的卷积层在不同 CNN 中是相似的。INCAME 监控各层内部的运行状态，中断响应延迟和额外成本只与当前运行的层相关。因此，不同 CNN 的延迟和成本也是相似的。总之，不同 CNN 任务的流程相似，不同任务的成本也相似。

t_1 和 t_2 之间的时间比较

如 7.3.5 节所述，逐层中断方法无须在中断前备份数据（$t_2 = 0$）。虽然 VI 方法需要花费时间来备份已经生成但尚未存储到 DDR 中的最终结果（t_2）。但是，与计算相比，数据备份时间（t_2）很短。我们在表 7.3 中列出了不同特征图形状、内核大小和输入 / 输出通道下的一些中断位置的备份时间和卷积时间（t_1）。H 和 W 是输入特征图的高度和宽度。Ch_{in} 和 Ch_{out} 是输入和输出通道的数量。备份操作消耗的时间不到计算时间的 20%。对于第一层（表 7.3 的第一行），由于输入通道数太小，计算时间也很短，因此备份时间达到了计算时间的一半。

表 7.3 数据备份和计算的时间比较

H	W	Ch_{in}	Ch_{out}	内核大小	备份时间（t_2,μs）	卷积时间（t_1,μs）	备份时间 / 卷积时间
480	640	3	64	7×7	26.29	52.38	50.2%
120	160	128	128	3×3	8.77	41.18	21.3%
30	40	1024	2048	1×1	1.25	8.75	14.3%
30	40	512	512	3×3	1.42	39.36	3.6%
16	20	512	512	3×3	0.75	20.16	3.8%

虚拟指令的额外数据传输

表 7.4 列出了额外的虚拟指令数。与正常指令传输相比，虚拟指令量不到 10%。加速器完成 GeM 主干网的原始 ISA 序列需要 186.0ms，而不间断地获取和转换 VI-ISA 序列只需 0.4ms。额外虚拟指令带来的性能下降可以忽略不计（小于 0.3%）。我们在此提醒读者，低优先级 PR 任务的处理可能会中断两次或更多。在这种情况下，PR 任务会被多个 FE 任务打断。

表 7.4 可中断 PR 网络（ResNet101）的指令数量

	指令数量	指令大小（MB）	执行时间（ms）
原始 ISA	364 032	4.36	186.0
VI-ISA	400 243	4.80	186.4

7.4.3　基于 ROS 的多机器人探索

基于 INCAME 的多机器人探索结果如图 7.11 所示。图 7.11a 显示了 AirSim[331] 中供机器人探索的空间。这是一个简单的矩形区域，中心（白色方框内）有四个不同的支柱和一些椅子。图 7.11b 显示了 PR 如何进行地图合并。每个 agent 的 FE 和 VO 在每个 ZCU102 板上生成本地地图和轨迹。当不同 agent 上的 PR 线程发现相似场景时，就会计算出两个 agent 在相似场景中的相对位置。如图 7.11c 所示，地图和轨迹与计算出的相对姿态合并。

在本例中，FE 和 PR 都在同一个 Angel-Eye 加速器上执行。输入摄像机的频率为 20FPS。一旦输入帧被送入 FE，FE 模块就会占用加速器。当 CPU 利用来自 FE 的特征点处理 VO 时，加速器可以切换到处理低优先级 PR 任务。由于 VO 的执行时间不同，完成 PR 任务的时间也不同。在本例中，从 PR 开始到结束的时间为 320 ～ 500ms。因此，PR 每 7 ～ 10 个输入帧处理一个关键帧。

7.5　小结

在本章中，我们讨论了如何在多机器人探索任务中使用 FPGA。具体而言，我们介绍了一种基于 FPGA 的可中断 CNN 加速器和一个用于多机器人探索的部署框架 INCAME。借助基于虚拟指令的中断方法，基于 FPGA 的 CNN 加速器可以在不同 CNN 任务之间切换，中断响应延迟低，额外成本低。INCAME 只需在硬件中修改指令获取模块即可实现 IAU。因此，很容易对其进行扩展以处理其他指令驱动的加速器。在 INCAME 的帮助下，ROS 中的独立软件可以访问加速器，而不会在各种基于 FPGA 的 CNN 加速器上发生硬件资源冲突。请注意，CPU 任务调度的发展是从单核多任务发展到多核多任务的。同样，INCAME 目前的重点是单核多任务的中断支持。我们计划在未来的工作中研究基于 FPGA 的 CNN 加速器的多核多任务处理。INCAME 还加速了耗时的后处理操作，如 SoftMax、NMS 和归一化，从而使基于 ROS 的多机器人探索能够在嵌入式 FPGA 上实现实时性能。

自动驾驶汽车

FPGA 具有丰富的 I/O 接口且灵活性高，能够以高性能和低能耗处理复杂的工作负载，因此是部署在自动驾驶系统中的理想计算基板。在本章中，我们将详细介绍构建商用自动驾驶计算系统的案例研究，特别是不同计算单元（移动 SoC、GPU、CPU、FPGA）之间的选择以及 FPGA 的使用。通过本章的学习，读者应该能够了解 FPGA 在商用机器人系统中的重要性，以及 FPGA 在异构计算系统中发挥的独特作用。

8.1 PerceptIn 案例研究

2017 年，PerceptIn 决定开发低速自动驾驶汽车，服务于微型交通（micromobility）市场，因为微型交通是一种新兴的交通模式，轻型车辆可以覆盖大规模交通所忽略的短途出行[13]。根据美国交通部的数据，60% 的车辆交通量来自 5 英里（约 8 千米）以下的行程[333]。由于成本高昂，目前的公共交通系统无法满足短途交通需求，这对社会影响深远。微型交通为公交服务和社区需求搭建了桥梁，推动了"出行即服务"（mobility-as-a-service）的兴起。

根据内部业务分析，如果 PerceptIn 能够提供单价低于 7 万美元的低速自动驾驶汽车，那么 PerceptIn 将为其客户——自动驾驶汽车运营商——带来合理的投资回报。然而，7 万美元的价格也对低速自动驾驶汽车的设计提出了非常严格和具有挑战性的限制。具体来说，我们必须将这 7 万美元细分为研发等非经常性工程（Non-Recurring Engineering，NRE）成本、底盘成本等经常性成本、线传驱动转换成本（将传统车辆转换为可由计算机控制的车辆）、传感器成本、集成成本、客户服务成本以及计算系统成本[334]。

由于车载计算系统对成本和功耗有重大影响，PerceptIn 对自动驾驶计算系统进行了研究[14,16,335]。PerceptIn 认为，计算是自动驾驶汽车商业化部署的瓶颈，PerceptIn 需要一个可靠、经济、高性能、高能效的计算系统。最重要的是，PerceptIn 需要一种成本效益高、上市时间短的解决方案。PerceptIn 面临多种选择。

方案一：优化现成的商用移动片上系统（SoC）。这种方法有几个好处。首先，由于移动 SoC 已经实现了规模经济，对 PerceptIn 来说，在价格低廉、向后兼容的计算系统上建立技术栈是最有利的。其次，PerceptIn 公司的车辆目标是速度有限的微型车辆，类似于移动机器人，而移动 SoC 之前已在这些车辆上进行过演示。然而，要充分了解移动 SoC 在自动驾驶中的适用性，还需要进行广泛的研究，这可能会使 PerceptIn 的产品发布推迟六个月。

方案二：采购专门的自动驾驶计算系统。有专门用于自动驾驶的商用计算平台，如 NXP、MobilEye 和 NVIDIA 的计算平台。它们大多是基于特定应用集成电路（ASIC）的芯片，以更高的成本提供高性能。例如，第一代 NVIDIA PX2 系统的价格超过 10 000 美元。除了成本问题，这些计算系统大多只能加速自动驾驶中的感知功能，而 Per ceptIn 需要的是能优化端到端性能的系统。因此，我们很快得出结论，这个方案不可行。

方案三：开发专有的自动驾驶计算系统。开发专有的计算系统可保证 PerceptIn 拥有最适合 PerceptIn 客户及其工作负载的系统，但也意味着 PerceptIn 需要为该项目投入大量财力和人力资源。而且，投资并不能保证项目的成功。对于 PerceptIn 这样的初创公司来说，这是一个巨大而冒险的赌注。在方案一探索未果后，从 2018 年初开始，PerceptIn 决定继续推进方案三，PerceptIn 因此组建了一个团队，开发基于 FPGA 的 DragonFly 计算系统 [263,336-341]。方案三取得了巨大成功，如今，PerceptIn 出厂的所有自动驾驶汽车都搭载了 PerceptIn 专有的 DragonFly 计算系统。在本章中，我们从技术角度解释了如何使用 FPGA 设计 PerceptIn 的 DragonFly 计算系统，以及我们面临的设计权衡。

8.2　设计约束

8.2.1　车辆概览

PerceptIn 提供两种自动驾驶汽车设计：针对私人交通体验的双座车辆和针对公共自动驾驶交通服务的八座班车。两种设计的最高时速均为 20 英里 / 小时（约 32 千米 / 小时），以满足微型交通的独特需求。PerceptIn 的车辆是完全自动驾驶的，无需人类驾驶员的干预，符合美国交通部国家公路交通安全管理局（NHTSA）规定的第四级自动驾驶汽车标准 [342]。

独特的应用场景和用例让我们能够以可接受的成本制造商用自动驾驶汽车。这些车辆的售价为 70 000 美元，不到通常认为的商用自动驾驶汽车的售价的 1/10[9]。

8.2.2 性能要求

延迟要求。端到端延迟，即从感知到环境中的新事件（如距离变化、新物体）到车辆完全停止之间的时间，这一时间必须足够短，以避免撞到物体。

如图 8.1 所示，延迟要求可通过一个简单的分析模型得出。延迟由四个主要部分组成：计算系统根据传感器输入生成控制指令的时间（T_{comp}）、通过控制器局域网（CAN）总线将控制指令传输到车辆执行器的时间（T_{data}）、车辆机械部件开始反应的时间（T_{mech}）以及车辆完全停止的时间（T_{stop}）。假设制动器产生的减速度为 a，车辆速度为 v，当感应到一个物体时，该物体与车辆的距离为 D，那么任何自动驾驶车辆都必须满足以下条件：

$$(T_{comp} + T_{data} + T_{mech}) \times v + \frac{1}{2} \times a \times T_{stop}^2 \leqslant D \qquad (8.1a)$$

$$T_{stop} = v/a \qquad (8.1b)$$

我们利用该模型推导出计算系统 T_{comp} 的延迟要求，这是优化的主要目标。在我们的车辆中，典型速度 v 为 5.6m/s，制动器产生的减速度 a 约为 4m/s²。测量结果表明，T_{data} 约为 1ms，T_{mech} 约为 19ms。因此，图 8.2a 显示，计算延迟要求 T_{comp}（y 轴）随着物体距离 D（x 轴）的接近而缩短。

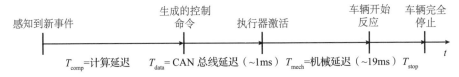

图 8.1　端到端延迟模型。计算延迟 T_{comp} 是主要的优化目标

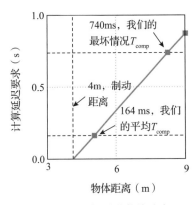

a）当要避开的物体越近时，计算延迟要求就越严格

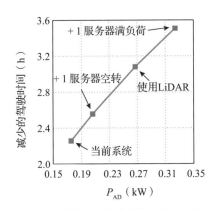

b）随着自动驾驶系统功率（P_{AD}）的增加，驾驶时间会减少

图 8.2　延迟和能耗的影响

随着计算延迟的降低，车辆可以避开更远的物体。我们的车辆的平均计算延迟为164ms，这意味着当检测到5m或更远的物体时，车辆可以避开这些物体。最坏情况下的计算延迟为740ms，在这种情况下，车辆可以避开至少8.3m外探测到的物体。

通过这一延迟模型，我们可以了解计算延迟在端到端系统中的重要程度，从而为硬件加速提供目标/指导。例如，如图8.2a所示，如果车辆要规划路线以避开5m外的障碍物，计算延迟必须低于164ms。

吞吐量要求。 吞吐量要求以每秒发送到执行器的控制指令数量来量化，它决定了我们能够控制车辆的频率。吞吐量越高，控制越流畅，不会出现急转弯和急刹车。我们为车辆设定了10Hz的吞吐量要求，这比人类驾驶员操纵车辆的频率要高得多。

8.2.3 能耗和成本因素

能源限制和对硬件的影响。 能够实现自动驾驶的计算系统和传感器会消耗额外的能源，从而减少驾驶里程，并导致商用车辆的收入损失。这些因素反过来又会影响硬件设计。

可以通过一个简单的模型得出能源消耗对减少的驾驶时间（$T_{reduced}$）的影响：

$$T_{reduced} = \frac{E}{P_V} - \frac{E}{P_V + P_{AD}} \tag{8.2}$$

其中，P_V 表示车辆本身的耗电量（不含自动驾驶功能）$^{\ominus}$，P_{AD} 表示为实现自动驾驶而消耗的额外电量，E 表示车辆的总能源容量。

我们的车辆是由电池驱动的电动汽车，电池的总能量为6kW·h。车辆本身的平均耗电量为0.6kW（P_V）$^{\ominus}$，而实现自动驾驶则需要额外消耗0.175kW（P_{AD}）。实际上，支持自动驾驶可将单次充电的驾驶时间从10h缩短到7.7h。

表8.1将额外功耗进一步细分为四个部分（详细硬件架构见8.4.2节）：主计算服务器（CPU+GPU）、嵌入式视觉模块（包含摄像机、惯性测量单元（IMU）和GPS的FPGA板）、6个雷达单元和8个声呐单元。计算服务器对额外功率的贡献最大。

能耗对硬件系统设计有很大影响。以我们在日本旅游景点的一次部署为例，考虑增加一台计算服务器（可能是为了支持高级算法或减少计算延迟）的影响。由于自动驾驶车辆中的计算系统在车辆运行时始终处于开启状态，因此仅额外服务器的空转功率就会使

$\ominus$　请注意，P_V 值受重量的影响，而重量又包括车辆本身的重量和乘客的重量。我们的双座汽车的乘客重量约为车辆本身重量的五分之一。关于 P_V 的详细分析模型，请参见 Kim 等人的文章 [344]。

$\ominus$　峰值功率可高达 2kW。

总功耗增加 31W，从而使驾驶时间减少 0.3h。该旅游景点的每辆车每天运行约 10h，因此，运行时间的减少相当于每天损失 3% 的收入。图 8.2b 显示了行车时间如何随着 P_{AD} 的增加而减少。如果新增服务器满负荷运行，则行车时间将减少约 3.5h。

表 8.1　车辆的功率分解。作为比较，我们还给出了典型激光雷达（LiDAR）的功耗，但我们并未使用

组成部分		功率（W）	数量
主计算 （CPU+GPU）服务器	动态空转	118	1
		31	1
嵌入式视觉模块（FPGA+ 摄像机 /IMU/GPS）		11	1
雷达		13	6
声呐		2	8
AD 总计（P_{AD}）		175	-
不包含 AD 的车辆（P_V）		600	-
LiDAR（我们未使用）	远程 [343]	60	1
	短程 [343]	8	1

成本。 从长远来看，只有当自动驾驶汽车的运输服务成本大幅降低时，才有可能普及，这反过来又对车辆的制造和支持造成了严格的成本限制。

与数据中心的总体拥有成本（TCO）概念类似 [345]，自动驾驶汽车的成本是一个复杂的函数，不仅受车辆本身成本的影响，还受车辆服务和维护后端云服务等间接成本的影响。

作为参考，表 8.2 提供了在日本旅游景点运营的车辆的成本明细。考虑到影响车辆成本的所有因素，每辆车的售价为 70 000 美元，这使得该旅游景点只需向每位乘客收取 1 美元 / 次的费用。车辆成本的任何增加都会直接增加客户成本。

表 8.2　车辆的成本明细以及与基于激光雷达的车辆的成本比较

车辆	组成部分	价格
我们的车辆（基于摄像机）	摄像机 ×4+IMU	1 000 美元
	雷达 ×6	3 000 美元
	声呐 ×8	1 600 美元
	GPS	1 000 美元
	零售价	70 000 美元
基于 LiDAR 的车辆（如 Waymo）	远程 LiDAR	80 000 美元
	短程 LiDAR ×4	16 000 美元
	预估零售价	>300 000 美元

与激光雷达的成本比较。 使用激光雷达的车辆（如 Waymo）的运营总成本要高得多。如表 8.2 所示，远程激光雷达的成本约为 8 万美元 [9]，而我们的摄像机 +IMU 设置成本

约为 1000 美元。一辆配备激光雷达的汽车的总成本可能在 30 万美元 [346] 到 80 万美元 [9] 之间。此外，由于需要高分辨率，创建和维护激光雷达所需的高清（HD）地图（对于一个中等规模的城市来说）每年可能需要花费数百万美元 [347]。

8.3 软件流水线

图 8.3 显示了我们的车载处理系统框图，该系统由三个部分组成：传感、感知和规划。感知模块在使用传感器样本之前会对其进行同步和处理，并执行两项基本任务：通过在全局地图中定位车辆（即自我运动估计）来了解车辆本身，通过深度估计和物体检测 / 跟踪来了解周围环境。规划模块利用感知结果规划路径并生成控制指令。控制指令通过 CAN 总线传输到车辆的发动机控制器（ECU），然后由 ECU 启动车辆的执行器，再由车辆的机械部件接管。

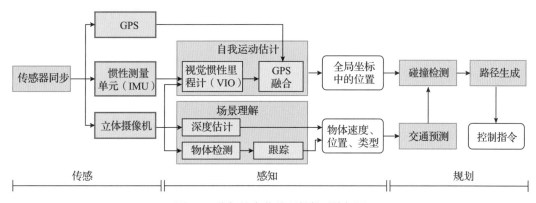

图 8.3　我们的车载处理软件系统框图

算法。表 8.3 总结了我们的计算系统所采用的主要算法。定位模块基于经典的视觉惯性测距算法 [348-349]，该算法使用摄像机捕捉的图像和 IMU 样本来估计车辆在全局地图中的位置。深度估算使用立体视觉算法，该算法通过处理一对立体摄像机捕获的两幅略有不同的图像来计算物体深度 [350-351]。其中，ELAS 算法使用手工创建的特征 [352]。虽然存在用于深度估计的 DNN 模型，但与非 DNN 算法相比，它们的计算密集度要高出几个数量级 [246]，而对我们的用例来说，它们的精度提高幅度微乎其微。

表 8.3　感知和规划中探索的算法

任务	算法	传感器
深度估计	ELAS[352]	摄像机
物体检测	YOLO[354]/Mask R-CNN[355]	摄像机

（续）

任务	算法	传感器
物体跟踪	KCF[353]	摄像机
定位	VIO[349]	摄像机，IMU，GPS
规划	MPC[216]	—

物体检测是通过 DNN 模型实现的。物体检测是当前流水线中唯一一项由深度学习提供准确性并证明其开销合理的任务。一旦检测到一个物体，就会对其进行跨时间跟踪，直到下一组检测到的物体可用为止。DNN 模型定期使用现场数据进行训练。由于部署环境可能会有很大的不同，因此不同的模型会使用特定部署环境的训练数据进行专门化训练。跟踪基于核相关滤波器（KCF）[353]。规划算法采用模型预测控制（MPC）[216]。

任务级并行。传感、感知和规划是序列化的，它们都处于端到端延迟的关键路径上。我们对这三个模块进行流水线化，以提高由最慢阶段决定的吞吐量。

不同的传感器处理（如 IMU 与摄像机）是独立的。在感知中，定位和场景理解是独立的，可以并行执行。虽然场景理解有多个任务，但它们大多是独立的，唯一的例外是物体跟踪必须与物体检测串行化。任务层面的并行性会影响任务映射到硬件平台的方式。

8.4　车载处理系统

本节将详细介绍车载处理系统，简称为"车载系统"（Systems-on-a-Vehicle，SoV）。

8.4.1　硬件设计空间探索

在介绍车载处理硬件架构之前，本节将回顾性地讨论我们过去探索过但决定不采用的两种硬件解决方案：现成的移动 SoC 和现成的（基于它们 ASIC 的）汽车芯片。它们是硬件谱系的两个极端，我们目前的设计结合了它们的优点。

移动 SoC。我们最初探索了利用高端移动 SoC（如高通 Snapdragon[356] 和 NVIDIA Tegra[357]）来支持自动驾驶工作负载的可能性。这样做的动机有两个。首先，由于移动 SoC 已经实现了规模经济，因此在经济实惠、向后兼容的计算系统上构建技术栈对我们最为有利。其次，我们的车辆以速度有限的微移动性为目标，类似于移动机器人，而移动 SoC 之前已在移动机器人上进行过演示[16,358-360]。

然而，我们发现移动 SoC 并不适合自动驾驶，原因有三。首先，移动 SoC 的计算能力太弱，无法胜任现实的端到端自动驾驶工作负载。图 8.4 给出了英特尔 Coffee Lake CPU（3.0GHz，9MB LLC）、NVIDIA GTX 1060 GPU 和 NVIDIA TX2[361] 上的三项感知任务——深度估计、物体检测和定位的延迟和能耗。图 8.4a 显示，TX2 比 GPU 慢得多，导致仅感知一项的累计延迟为 844.2ms。图 8.4 显示，由于延迟较长，TX2 与 GPU 相比只能减少很少的能耗，有时甚至更糟。

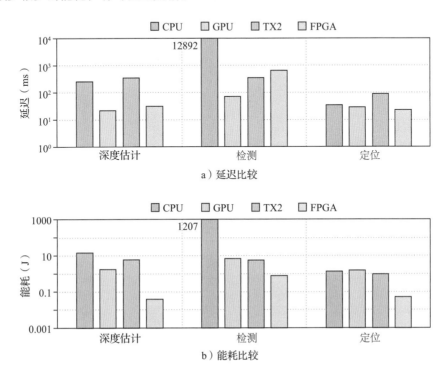

图 8.4　运行三种感知任务的四种不同平台的性能和能耗比较。在 TX2 上，我们使用 Pascal　GPU 进行深度估计和物体检测，并使用 ARM Cortex-A57 CPU（具有 SIMD 功能）　进行定位，由于缺乏大规模并行性，定位不适合 GPU

其次，移动 SoC 没有优化不同计算单元之间的数据通信，而是需要耗电的 CPU 协调冗余的数据复制。例如，在使用 DSP 加速图像处理时，CPU 必须通过整个存储器层次结构明确地将图像从传感器接口复制到 DSP[338, 362-363]。

最后，传统的移动 SoC 设计强调计算优化，而我们发现对于自动驾驶汽车工作负载而言，硬件中的传感器处理支持同样重要。例如，自动驾驶汽车需要非常精确和简洁的传感器同步，而这正是移动 SoC 无法提供的。

汽车 ASIC。另一个极端是专门用于自动驾驶的计算平台，如 NXP[364]、MobileEye[365] 和 NVIDIA[366]。它们大多采用基于 ASIC 的芯片，以更高的成本提供更高的性能。例如，第一代 NVIDIA PX2 系统的成本超过 10 000 美元，而 NVIDIA TX2 SoC 的成本仅为 600

美元。

除了成本问题，我们不使用现有的汽车平台还有两个技术原因。首先，它们专注于加速完全自动驾驶中的部分任务。例如，MobilEye 芯片通过前方碰撞警告等功能为驾驶员提供帮助。因此，它们加速了关键的感知任务（如车道 / 物体检测）。我们的目标是为完全自动驾驶提供端到端的计算流水线，它必须从整体上优化传感、感知和规划。其次，与移动 SoC 类似，这些汽车解决方案也没有提供良好的传感器同步支持。

8.4.2 硬件架构

我们的硬件探索结果推动了当前的 SoV 设计。我们的设计具有以下特点：使用车载服务器提供足够的计算能力；使用 FPGA 平台直接与传感器连接，以减少多余的数据移动，同时为关键任务提供硬件加速；使用软硬件协同技术实现高效的传感器同步。

概述

图 8.5 给出了 SoV 计算系统的框图。它由传感器和服务器 +FPGA 异构计算平台组成。

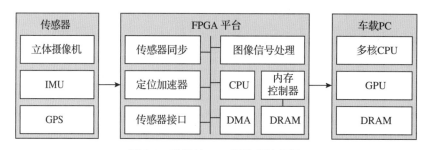

图 8.5　我们的 SoV 硬件架构框图

传感硬件包括（立体）摄像机、IMU 和 GPS。特别是，我们的车辆配备了两组立体摄像机，一组朝前，另一组朝后，用于深度估计。每对立体摄像机中的一个还用于驱动单目视觉任务，如物体检测。摄像机与 IMU 一起驱动基于 VIO 的定位算法。

考虑到成本、计算要求和功耗预算，我们目前的计算平台由一块 Xilinx Zynq UltraScale+FPGA 板和一台配备英特尔 Coffee Lake CPU 和英伟达 GTX 1060 GPU 的车载 PC 组成。PC 是主要的计算平台，但 FPGA 发挥着关键作用，它是传感器和服务器的桥梁，并提供了一个加速平台。

算法 - 硬件映射

在将传感、感知和规划任务映射到 FPGA+ 服务器（CPU+GPU）平台时，存在很大的设计空间。最佳映射取决于一系列限制条件和目标：不同任务的性能要求，不同任务之间的任务级并行性，车辆的能耗 / 成本限制，以及实际开发和部署的难易程度。

传感。我们将传感功能映射到 Zynq FPGA 平台上，该平台实质上充当了传感器中枢。它处理传感器数据，并将传感器数据传输到 PC 进行后续处理。Zynq FPGA 承载着一个基于 ARM 的 SoC，并运行着一个完整的 Linux 操作系统，我们在此基础上开发传感器处理和数据传输流水线。

将传感映射到 FPGA 的原因有三。首先，如今的嵌入式 FPGA 平台具有丰富且成熟的传感器接口（如标准 MIPI 摄像机串行接口 [367]）和传感器处理硬件（如 ISP[368]），而服务器和高端 FPGA 则缺乏这些接口和硬件。

其次，通过让 FPGA 直接就地处理传感器数据，我们允许 FPGA 上的加速器直接处理传感器数据，而不需要让耗电的 CPU 参与数据移动和任务协调。

最后，在 FPGA 上处理传感器数据使我们能设计出硬件辅助的传感器同步机制，这对传感器融合至关重要。

规划。我们将规划任务分配给车载服务器的 CPU，原因有二。首先，规划命令是通过 CAN 总线发送到车辆的，CAN 总线接口在高端服务器上比嵌入式 FPGA 更加成熟。在服务器上执行规划模块大大简化了部署工作。其次，正如我们将在后面说明的那样，规划非常轻量级，仅占端到端延迟的 1% 左右。因此，在 FPGA/GPU 上加速规划的改进微乎其微。

感知。感知任务包括场景理解（深度估计和物体检测 / 跟踪）和定位，这两项任务是独立的，因此，较慢的一项任务决定了整体的感知延迟。

图 8.4a 比较了感知任务在嵌入式 FPGA 和 GPU 上的延迟。由于可用资源有限，嵌入式 FPGA 仅在定位方面比 GPU 快，而定位任务比其他任务更轻量级。由于延迟决定了用户体验和安全性，我们的设计将定位功能装载到 FPGA 上，而将其他感知任务留在 GPU 上。总体而言，FPGA 上的定位加速器消耗约 200K LUT、120K 寄存器、600BRAM 和 800DSP，功耗低于 6W。

这种分区还能为深度估计和物体检测释放更多 GPU 资源，进一步减少延迟。图 8.6 比较了不同的映射策略。当场景理解和定位都在 GPU 上执行时，它们会争夺资源并相互拖慢速度。场景理解需要 120ms，决定了感知延迟。当定位装载到 FPGA 时，定位延迟从 31ms 到 24ms 不等，而场景理解的延迟则减少到 77ms。总体而言，感知延迟缩短为原来的 1/1.6，端到端延迟平均缩短了约 23%。

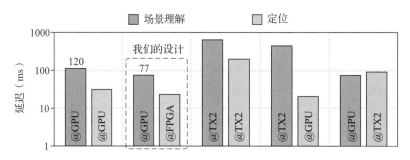

图 8.6 感知模块不同映射策略的延迟比较。感知延迟是由场景理解（深度估计和物体检测 / 跟踪）与定位中较慢的任务决定的

图 8.6 还显示了使用现成的 NVIDIA TX2 模块而不是 FPGA 时的性能。虽然部署算法要容易得多，但 TX2 始终是延迟瓶颈，限制了整体计算延迟。

8.4.3 传感器同步

传感器同步对于融合多种传感器的感知算法至关重要。例如，车辆定位使用的是视觉惯性测距法，它同时使用摄像机和 IMU 传感器。同样，物体深度估计使用立体视觉算法，这需要立体系统中的两个摄像机精确同步。

理想的传感器同步能确保两个时间相同的传感器样本捕捉到相同的事件。这就需要满足两个要求：所有传感器同时触发，且每个传感器样本都与精确的时间戳相关联。

不同步的传感器数据不利于感知。图 8.7a 显示了不同步的立体摄像机如何影响感知流水线中的深度估计。随着两台摄像机之间时间偏移的增加（ x 轴向左），深度估计误差也会增加（ y 轴）。即使两台摄像机的同步偏差只有 30ms，深度估计误差也可能高达 5 米。图 8.7b 显示了不同步的摄像机和 IMU 对定位精度的影响。当 IMU 和摄像机偏离 40ms 时，定位误差可能高达 10m。

本节介绍基于 FPGA 的软硬件协同传感器同步设计。图 8.8 显示了该系统的高层示意图，它基于两个原则：使用单个通用定时源同时触发传感器；获取每个传感器样本的时间戳，以准确捕捉传感器触发时间。在这两个原则的指导下，我们设计了一个硬件同步器，它使用由 GPS 设备提供的卫星原子时间初始化的通用定时器来触发摄像机传感器和 IMU。摄像机的运行速度为 30FPS，而 IMU 的运行速度为 240FPS。因此，摄像机触发信号是 IMU 触发信号的 8 倍，这也保证了每个摄像机采样总是与 IMU 采样相关联。

与同时触发传感器同样重要的是，在每个传感器采样时都要加上精确的时间戳。这必须由同步器来完成，因为传感器并不具备这样的功能。纯硬件解决方案是由同步器首先记录每个传感器采样的触发时间，然后将时间戳与原始传感器数据一起打包，再将带有时间戳的采样发送到中央处理器。IMU 数据就是这样处理的，因为每个 IMU 样本的大小非常小（20 字节）。但是，如果将同样的策略应用到摄像机上，效率就会大大降低，因为每个摄像机帧的大小都很大（例如，1080p 帧的大小约为 6MB）。将每个摄像机帧传输到同步器只是为了打包一个时间戳，效率很低。

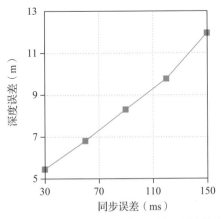

a）随着立体摄像机变得更加不同步，深度估计误差也会增加。即使两个摄像机仅相差30ms，深度估计误差也可能超过 5m

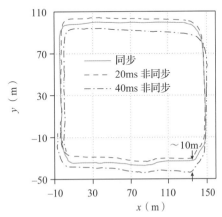

b）使用同步和非同步传感器数据之间的定位轨迹比较。定位误差可能高达10m

图 8.7　传感器同步的重要性

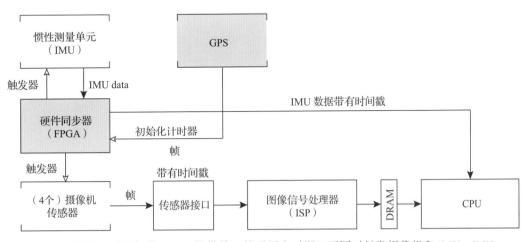

图 8.8　传感器同步架构。GPS 提供单一的通用定时源，可同时触发摄像机和 IMU。IMU 时间戳在硬件同步器中获得，而摄像机时间戳则在传感器接口中获得，随后通过补偿摄像机传感器和传感器接口之间的恒定延迟在软件中进行调整

相反，我们的设计采用了图 8.8 所示的软硬件协同方法，即摄像机帧直接发送到 SoC 的传感器接口，而无需硬件同步器的时间戳。然后，传感器接口会为每个帧打上时间戳。与摄像机传感器的准确触发时间相比，帧到达传感器接口的时间会由于摄像机曝光时间和图像传输时间而产生延迟。这些延迟时间可以从摄像机传感器规格说明中推导出来。应用程序可以通过从打包的时间戳中减去恒定延迟来调整时间戳，从而获得摄像机传感器的触发时间。

硬件同步器在 FPGA 上实现。它的设计非常轻巧，只有 1 443 个 LUT 和 1 587 个寄存器，功耗为 5mW。同步解决方案的速度也很快，端到端延迟不到 1ms。

8.4.4　性能特征

本节介绍我们的硬件平台上的端到端计算延迟。

平均延迟和差异。图 8.9a 将计算延迟细分为传感、感知和规划。我们给出了最佳和平均延迟以及第 99 百分位数。平均延迟（164ms）接近最佳情况延迟（149ms），但存在一个长尾。

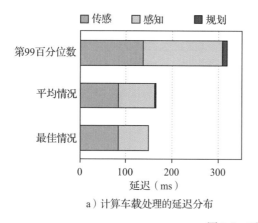

a）计算车载处理的延迟分布

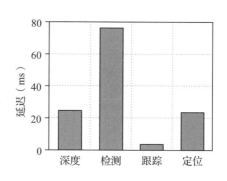

b）不同感知任务的平均情况延迟

图 8.9　延迟特征

为了展示这种差异，定位延迟的中位数为 25ms，标准偏差为 14ms。造成这种差异的主要原因是场景复杂度的变化。在动态场景中（连续帧的变化较大），每一帧都可以提取新的特征，这就减慢了定位算法的速度。

延迟分布。与传统观点不同，传感对延迟的影响很大。摄像机传感流水线是传感延迟的瓶颈，而摄像机传感流水线又受 FPGA 嵌入式 SoC（如 ISP 和内核 / 驱动程序）上的图像处理堆栈的支配，这表明这是一个需要改进的关键瓶颈。

除传感外，感知是造成延迟的最大因素。物体检测（DNN）在感知延迟中占主导地位。图 8.9b 进一步给出了平均情况下不同感知任务的延迟。回顾一下，除了物体检测和跟踪是序列化的之外，所有感知任务都是独立的。因此，检测和跟踪的累积延迟决定了感知延迟。

规划时间相对较少，平均只有 3ms。这是因为我们的车辆只需要车道粒度的粗粒度运动规划。而在移动机器人 [285]、无人驾驶飞行器 [369] 和许多基于激光雷达的飞行器中，通常会使用厘米粒度的细粒度运动规划和控制 [216]，其计算密集度要高得多。其中一个例子是百度 Apollo EM 运动规划器 [370]，其运动规划是通过二次规划（QP）和动态规划（DP）结合生成的。

传感、感知和规划模块的工作频率为 10 ～ 30Hz，可满足吞吐量要求。

8.5　小结

在本章中，我们回顾并总结了 PerceptIn 为自动驾驶汽车开发车载计算系统所做的努力。自动驾驶融合了计算和传感领域的大量不同任务，具有新的设计限制。虽然加速单个算法极具价值，但最终重要的是系统地理解和优化端到端系统。

许多相关工作都研究了针对单个车载处理任务的加速器设计，例如定位 [371-372]、DNN[373-377]、深度估计 [246,378] 和运动规划 [285,369]，但是只有当我们从优化单个加速器扩展到利用加速器之间的交互，也就是加速器级并行性 [379-380] 时，才有可能在系统级获得有意义的收益。

虽然目前最常见的加速器级并行是在单个芯片上（如智能手机 SoC），但自动驾驶汽车中的加速器级并行通常跨越多个芯片。例如，在 PerceptIn 的计算平台中，定位由 FPGA 加速，而深度估计和物体检测则由 GPU 加速。本案例研究表明，FPGA 能够在自动驾驶中发挥关键作用，利用加速器级并行性，同时考虑到不同情况下产生的限制，可以显著改善车载处理。

太空机器人

由于辐射容错要求，太空级 ASIC 的计算能力通常比先进的商用现成处理器落后几十年。另一方面，太空级 FPGA 具有高可靠性、高适应性、高处理能力和高能效，有望缩小商用处理器和太空级 ASIC 之间 20 年的性能差距，特别是在为太空探索机器人提供动力方面。在过去的 20 年里，由于太空级 FPGA 所带来的优势，我们已经观察到在太空机器人应用中使用 FPGA 的需求在不断增加 [381]。在本章中，我们将介绍太空计算的辐射容错，太空机器人算法在 FPGA 上的加速，以及 FPGA 在太空机器人任务中的应用。特别是随着近年来商业太空探索的蓬勃发展，我们预计太空机器人应用将成为 FPGA 的下一个需求驱动力。

9.1 太空计算的辐射容错

对于打算在太空中运行的电子设备来说，目前存在的强烈太空辐射是一个必须考虑的因素。辐射对电子设备有多种影响，但最常见的两种影响是总电离剂量（Total Ionizing Dose，TID）效应和单事件效应（Single Event Effect，SEE）。TID 是由电离辐射随时间积累引起的，电离辐射通过在 MOS 器件的二氧化硅层中产生电子 – 空穴对而造成永久性损坏。TID 的影响是电子产品的性能参数逐渐降低，最终无法正常工作。用于太空的电子设备在失效前要测试其能承受的总辐射量（以 krad 为单位）。通常，能够承受 100krad 的电子设备足以供近地轨道任务使用数年 [52]。

当来自太空辐射的高能粒子撞击电子设备并留下电离痕迹时，SEE 就会发生。SEE[382] 可分为软错误（通常不会造成永久性损坏）和硬错误（通常会造成永久性损坏）。软错误的例子包括单事件中断（Single Event Upset，SEU）和单事件暂态（Single Event Transient，SET）。在 SEU 中，辐射粒子撞击存储元件，导致位翻转。值得注意的是，随着现代设备的单元密度和时钟速率的增加，多单元破坏（MCU）——在单个粒子撞击中损坏两个或更多的存储单元——正日益成为人们关注的问题。SEU 的一种特殊类型是单事件功能中断（SEFI），这种中断通过影响控制寄存器或时钟导致设备无法正常工作。在 SET 中，辐射粒子通过敏感节点产生瞬态电压脉冲，在组合逻辑输出处导致错误的逻辑状态。根据影响是否发生在活动时钟边缘期间，错误可能会传播，也可能不会传播。硬错误的例子包括：单事件锁存（SEL），其中带电粒子激活寄生晶体管，然后导致器件短路；单事件烧坏（SEB），其中辐射引起高局部功耗，导致器件故障。在这些严重错误的情况下，辐射效应可能导致整个太空任务的失败。

太空级 FPGA 可以承受相当水平的 TID，并且被设计用于抵御最具破坏性的 SEE[383]。然而，SEU 易感性是普遍存在的。在大多数情况下，FPGA 上的辐射效应与其他基于 CMOS 的 IC 没有什么不同。主要的异常源于 FPGA 的独特结构，涉及可编程互连。根据其类型，FPGA 在其配置中对 SEU 的敏感性不同。SRAM FPGA 由于其易失性而被 NASA 指定为最易受影响的 FPGA。即使在辐射硬化过程之后，SRAM FPGA 的配置也只是被指定为"硬化"或仅仅嵌入了 SEE 缓解技术，而不是"硬"的，这意味着接近"免疫"[52]。配置 SRAM 的使用方式与传统 SRAM 不同。位翻转配置可以产生瞬时效果，而不需要读写周期。此外，比特翻转不是在输出中产生单个错误，而是直接移动用户逻辑，改变设备的行为。需要擦除以纠正 SRAM 配置。反熔丝和闪存 FPGA 不太容易受到配置的影响，并且在不应用辐射硬化技术的情况下，在其配置中被指定为"硬"抗 SEE[52]。

基于设计的 SEU/ 故障缓解技术是常用的，因为，与制造级辐射硬化技术相比，它们很容易被应用于商业现成（COTS）FPGA。这些技术可以分为静态技术和动态技术。静态技术依赖于错误屏蔽，在不需要主动修复的情况下容忍错误。其中一个例子就是带有投票机制的被动冗余。相反，动态技术检测故障并采取行动纠正错误。常见的 SEU 缓解方法包括 [384,385] 以下几种。

- **硬件冗余**：复制功能块以检测 / 容忍错误。三模冗余（TMR）可能是使用最广泛的缓解技术，它可以应用于整个处理器或部分电路。在电路级，寄存器使用三个或更多的触发器或锁存器来实现。然后，投票者比较这些值并产出多数值，减少由于 SEU 而产生错误的可能性。由于内部投票者也容易受到 SEU 的影响，它们有时也会受到三倍的影响。对于任务关键型应用，全局信号可能会增加三倍，以进一步减少 SEU。TMR 可以在支持 HDL 的帮助下轻松实现 [386]。值得注意的是，TMR 的一个限制是，每个投票阶段，最多只能容忍一个错误。因此，TMR 通常与其他技术（如擦除）一起使用，以防止误差累积。

- **擦除**：可重新编程 FPGA 中的绝大多数存储单元都包含配置信息。如前所述，配置内存的破坏可能导致路由网络的改变、功能的丧失和其他关键影响。因此，需要擦除、刷新和恢复配置内存到已知良好状态 [385]。参考配置内存通常存储在设备上或离线的抗辐射存储单元中。擦除器、处理器或配置控制器执行擦除。一些先进的 SRAM FPGA，包括 Xilinx 制造的 FPGA，支持部分重配置，这允许在不中断整个设备操作的情况下进行内存修复。擦除可以在帧级（部分）或设备级（全部）完成，这将不可避免地导致一些停机时间，有些设备可能无法容忍这样的中断。盲擦除是最直接的实现方式，即周期性地擦除单个帧而不检测错误。盲擦除避免了错误检测所需的复杂性，但额外的擦除可能会增加对 SEU 的脆弱性，因为在擦除过程中错误可能被写入帧中。盲擦除的另一种选择是回读擦除，其中擦除器通过纠错码或循环冗余检查主动检测配置中的错误 [384]。如果发现错误，擦除器启动帧级擦除。

目前，大多数太空级 FPGA 来自 Xilinx 和 Microsemi。Xilinx 提供 Virtex 系列和 Kintex。两者都是基于 SRAM 的，具有很高的灵活性。Microsemi 提供基于反熔丝的 RTAX、基于 Flash 的 RTG4 和 RT PolarFire，它们对 SEE 的敏感性和功耗都较低。20nm 的 Kintex 和 28nm 的 RT PolarFire 是最新一代。欧洲市场提供 Atmel 器件和 NanoXplore 太空级 FPGA[387]。上述设备的规格如表 9.1 所示。

表 9.1 太空级 FPGA 的规格

设备	逻辑	内存	DSP	工艺	辐射耐受性
Xilinx Virtex-5QV	81.9K LUT6	12.3Mb	320	65nm SRAM	SEE 免疫高达 LET> 100MeV/ (mg·cm^2)， 1mrad TID
Xilinx RT Kintex UltraScale	331K LUT6	38Mb	2760	20nm SRAM	SEE 免疫高达 LET>80MeV/ (mg·cm^2)， 100 ～ 120krad TID
Microsemi RTG4	150K LE	5Mb	462	65nm Flash	SEE 免疫高达 LET> 37MeV (mg·cm^2)， TID> 100krad
Microsemi RT PolarFire	481K LE	33Mb	1480	28nm Flash	SEE 免疫高达 LET> 63MeV (mg·cm^2)， 300krad
Microsemi RTAX	4M 门	0.5Mb	120	150nm 反熔丝	SEE 免疫高达 LET> 37MeV (mg·cm^2)， 300krad TID
Atmel ATFEE560	560K 门	0.23Mb	–	180nm SRAM	SEL 免疫高达 95MeV (mg·cm^2)， 60krad TID
NanoXplore NG-LARGE	137K LUT4	9.2Mb	384	65nm SRAM	SEL 免疫高达 60MeV (mg·cm^2)， 100krad TID

9.2 基于 FPGA 的太空机器人算法加速

太空机器人在很大程度上依赖于计算密集型算法来操作。目前的太空级 CPU 的性能与商用部件相比落后了几十年，只能达到 22 ～ 400MIPS[388]，而现代英特尔 i7 可以轻松达到 20 万 MIPS。太空级 CPU 的性能不足，成为机器人性能的瓶颈。在这种情况下，高性能太空 FPGA 可以作为加速器，提高太空机器人的性能。通过实现 FPGA 协处理器，可以将计算成本较高的任务卸载到 FPGA 协处理器上进行加速，因为 FPGA 允许大规模并行化。此外，FPGA 通常更节能，并且可提供独特的运行时重配置能力，允许多用途使用。

9.2.1　特征检测和匹配

对于火星探测车来说，最费力的任务之一是定位和导航，这需要使用各种计算机视觉（CV）算法。太空级 CPU 的低性能导致这些算法的执行时间长，这是漫游车速度较慢（5cm/s）的主要因素。在火星探测器的定位与导航中，图像特征的检测与匹配具有重要的意义。它们被用于各种 CV 任务，如从运动中构造结构、从一组 2D 图像构建 3D 结构，以及视觉里程计——一种通过比较一段时间内探测车拍摄的图像集来逐渐确定探测车姿态的方法。

在特征检测和匹配中，将对图像中的显著（关键点）特征进行判别。通过特征描述符记录周围的几何特性，以便在多个视点和各种观看条件下轻松识别和匹配显著特征，实现高度可重复性。然后，从一组图像中检测到的特征相互匹配，以建立图像之间的对应关系。这部分常用的算法有 Harris 检测器[389]、加速段测试特征（FAST）[390]、尺度不变特征变换（SIFT）[391]、加速鲁棒特征（SURF）[392] 和二进制鲁棒独立初等特征（BRIEF）[249]。通常，从图像中提取的特征可高达数千个，导致计算密集型计算，太空级 CPU 需要花费大量时间才能执行。然而，FPGA 加速器的实现可以将执行时间减少一到两个数量级，因为它支持大规模并行处理。[393] 中的实验结果与急剧加速有关。在实验中，上述算法在 150MIPS 的太空级 CPU 等效上处理了具有 1000 个特征的 512 × 384 图像。加速器在 Virtex-6 FPGA（XC6VLX240T）上实现，该 FPGA 具有 150k LUT 和 768 个 DSP 片，并行度为 64。

9.2.2　立体视觉

无论是 SLAM 还是路径选择中的风险评估，行星探测车都需要对其周围环境进行重构才能运行。探测车通常配备一对立体摄像机，通过立体视觉算法可以实现对周围环境的三维重建。该算法在立体图像对中对应像素，找到匹配区域之间的差异并进行计算（如三角剖分），以获得每个像素的深度（密集立体）。立体视觉算法（特别是在处理高分辨率图像时）对计算量要求很高。一项研究[394] 表明，通过实现一个具有 40 960 个切片和 576 个 BRAM 的 Virtex-5 FPGA 协处理器，与仅使用太空级 CPU 相比，立体视觉算法的处理时间显著减少。当处理宽度为 256 像素的一对立体图像时，使用运行频率为 20MHz、处理速度为 22MIPS 的 RAD6000 的运行时间在 24 ～ 30s 之间。当使用处理速度为 400MIPS 的较新的 RAD750 CPU 时，处理时间减少到 1.32 ～ 1.65s 左右。在采用 Virtex-5 FPGA 作为协处理器后，运行时间降至 0.005s，比 RAD750 CPU 快 300 多倍，比 RAD6000 CPU 快 5000 倍左右。同时，这些算法占用了 43% 的切片和 12% 的可用 BRAM。

9.2.3　深度学习

FPGA 在太空任务中的加速超越了计算机视觉。将深度学习应用于太空任务可以提高任务的自主性，从而提高效率。强化学习是一种学习算法，它根据与环境的试错交互来确定 agent 在随机环境中应该采取什么行动以最大化未来的奖励 [395]。这种类型的学习能力可以通过深度学习神经网络的集成来提高。然而，深度学习算法的植入需要强大的处理能力和大量执行时间，这使得它在许多太空任务中并不切实际。然而，这种算法的 FPGA 实现使其在太空中的应用成为可能。在一项研究 [396] 中，开发了一种带有人工神经网络的强化学习 Q-learning，并在具有 303K LUT 和 2800 个 DSP 切片的 Virtex-7 FPGA（XC7VX485T）上实现，与 i5 第 6 代 2.3GHz 处理器相比，节省了 30% 的功耗，实现了 43 倍的加速，再次验证了 FPGA 相对于典型太空级处理器的压倒性优势。

我们在深度学习、计算机视觉等相关技术领域取得的成就对未来的太空任务非常有益，可以提高它们的自主性和能力。为了实现这些技术，需要具有高可靠性、高适应性、高处理能力和高能效的机载处理器。FPGA 的特性使其适用于机载处理器：它们已用于太空任务数十年，并且在可靠性方面得到了证明；它们具有无与伦比的适应性，甚至可以在运行时重配置；它们的高度并行处理能力允许在执行许多复杂算法时显著加速；硬件/软件协同设计方法使它们潜在地更节能。尽管与太空级 CPU 相比，FPGA 显著加快了算法的速度，但太空级 FP GA 仍然落后于商用现成（COTS）产品。例如，当 Virtex-7 系列以 COTS 版本推出时，太空级的仍然是 Virtex-5，落后了两代。另外，COTS 版本的价格更低。由于不同任务的辐射硬化要求不同，COTS 部件配合 SEE 缓解技术可能适用于一些可靠性要求低的太空应用或非任务关键部件。由于 COTS FPGA 的优势，该行业的下一步行动可能是它们在太空中的应用。

9.3   FPGA 在太空机器人任务中的应用

对于太空机器人来说，处理能力尤其重要，因为需要准确有效地处理大量信息。目前和以前的许多太空任务都充满了复杂的算法，这些算法大多是静态的。它们有助于提高数据传输的效率，然而，数据处理主要是在地面进行的。随着旅行距离的增加，由于传输延迟，将所有数据传输到地面并在地面处理不再是一种有效甚至可行的选择。因此，太空机器人需要变得更具适应性和自主性。它们还需要对收集到的大量数据进行预处理，并在发回地球之前对其进行压缩 [397]。

新一代 FPGA 的迅速发展可能会填补太空机器人的需求。FPGA 使机器人系统能够实时重配置，使系统能够更有效地响应环境和数据的变化，从而使系统更具适应性。因此，可以同时实现自主重配置和性能优化。此外，FPGA 具有很高的并行处理能力，这有助于提高处理性能。FPGA 的使用存在于各种太空机器人中，包括一些突出的应用实例，如美国宇航局的火星探测器。自从 2003 年第一对探测车发射以来，FPGA 的出现次数在后来的探测车上稳步增加。

9.3.1   火星探测车的任务

从 21 世纪初开始，美国宇航局一直在使用 FPGA 来控制探测车和着陆器。在 2003 年发射的"机遇号"和"勇气号"两辆火星探测车中，电机控制板 [398] 中安装了两台 Xilinx Virtex XQVR1000，用于控制仪器和探测车车轮上的电机。此外，在漫游车上的 20 个摄像机中，每个摄像机都使用 Actel RT 1280 FPGA 来接收和调度硬件命令。摄像机电子元件包括一个时钟驱动器，它通过电荷耦合器件（CCD）提供定时脉冲，CCD 是一个集成电路，包含一组连接或耦合的电容器。此外，还有可用于放大 CCD 输出并将其从模拟转换为数字的信号链。Actel FPGA 在 CCD 信号链中提供时序、逻辑和控制功能，并在摄像机遥测中插入摄像机 ID 以简化处理 [399]。图 9.1 为火星探测漫游者。

选定的电子部件在用于任何太空探索任务之前都必须经过多步骤的飞行考虑过程 [398,400]。第一步是一般飞行验证，在此期间，制造商在正常的商业评估之外进行额外的太空级验证测试，NASA 会仔细检查结果。在这些测试中也验证了其他器件参数，例如温度考虑和半导体特性。接下来是特定航班的验证。在这一步骤中，NASA 工程师将检查设备与任务的兼容性。例如，考虑操作环境，包括温度和辐射等因素。还要对机器人可能遇到的各种任务特定情况以及相关的风险进行评估。根据设备的具体应用、是否为关键任务以及预期的任务寿命，风险标准有所不同。最后，对零件进行具体的设计考虑，以确保满足所有的设计要求。检查零件的设计，以解决诸如 SEL、SEU 和 SEFI 等问题。所使用的 Xilinx FPGA 通过以下方法解决了一些 SEE 问题 [399]：

- 制造过程很大程度上防止了 SEL。
- TMR 降低了 SEU 频率。
- 擦除允许从单个事件功能中断中恢复设备。

图 9.1　火星探测车

MER 成功了，尽管它的设计寿命只有 90 个火星日（1 个火星日 =24.6 小时），但它一直持续工作到 2019 年。缓解技术的实施也被证明是有效的，因为观测到的错误率与预测的错误率非常相似 [398]。

9.3.2　火星科学实验室的任务

如图 9.2 所示，2011 年发射的火星科学实验室（MSL）是新的火星探测器。FPGA 在其关键部件中被大量使用，主要负责科学仪器的控制、图像处理和通信。

"好奇号"上有 17 台摄像机：4 台导航摄像机、8 台危险摄像机、1 台火星手镜头成像仪（MAHLI）、2 台桅杆摄像机、1 台火星下降成像仪（MARDI）和 1 台 ChemCam 远程显微成像仪 [401]。MAHLI、桅杆摄像机和 MARDI 共享相同的电子设计。与 MER 上使用的系统类似，Actel FPGA 在 CCD 信号链中提供时序、逻辑和控制功能，并将像素传输到数字电子组件（DEA），后者将摄像机与漫游者电子设备连接起来，向摄像机发送命令，并将数据传回漫游者。上面的每一张图片都有一个 DEA，每个都有一个包含

Microblaze 软处理器核心的 Virtex-II FPGA。DEA 的所有核心功能，包括时序、接口和压缩，都作为 Microblaze 的逻辑外设在 FPGA 中实现。具体来说，DEA 提供了一个图像处理流水线，包括 8 ～ 12 位输入像素命令、水平分帧以及无损或 JPEG 图像压缩[401]。Microblaze 上运行的是 DEA 的飞行软件，用于协调 DEA 的硬件功能，如摄像机移动。它接收和执行命令，并发送来自地球的命令。飞行软件还实现了图像采集算法，包括自动对焦和自动曝光、闪存纠错以及机制控制故障保护[401]。总的来说，飞行软件由 10 000 行 ANSI C 代码组成，全部在 FPGA 上实现。此外，FPGA 为通信箱（Electro - Lite）供电，通过火星中继网络从漫游车向地球提供关键通信[402]。它们负责各种高速批量信号的处理。

图 9.2　火星科学实验室

9.3.3　火星 2020 的任务

如图 9.3 所示，"毅力号"是美国宇航局最新发射的火星探测器。FPGA 的出现持续增加。在 NASA 的行星探测车中，FPGA 首次作为算法加速的协同处理器应用于自动驾驶系统。毅力号运行在 GESTALT（应用于局部地形的基于网格的表面可穿越性估计）AutoNav 算法上，这与"好奇号"相同[403]。增加了基于 FPGA 的加速器，称为视觉计算元素（VCE）。在着陆过程中，VCE 为着陆器视觉系统（LVS）提供足够的计算能力，LVS 通过融合来自设计着陆位置、IMU 和地标匹配的数据，在 10s 内完成估计着陆位置的密集任务。着陆后，VCE 与 LVS 的连接断开。相反，VCE 被重新用于 GESTALT 驱动算法。VCE 有三张插在 PCI 背板上的卡：带有 BAE RAD750 处理器的 CPU 卡、计算单元电源调节单元（CEPCU）和计算机视觉加速卡（CVAC）。虽然前两个部分是继承自 MLS 的任务，但 CVAC 是新的。CVAC 有两个 FPGA。其中一个被称为视觉处理器——Xilinx Virtex 5QV，它包含图像处理模块，用于匹配地标以估计位置。另一种称为管家 FPGA———一种 Microsemi RTAX 2000 反熔丝 FPGA，用于处理与航天器同步、电源管理和视觉处理器配置等任务。

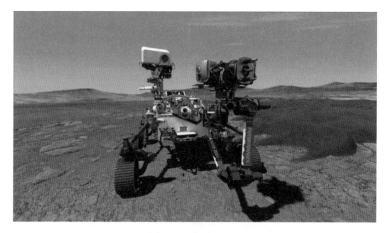

图 9.3　火星 2020

9.4　小结

通过在太空中 20 多年的使用，FPGA 已经证明了它们在太空机器人任务中的可靠性和适用性。FPGA 的特性使其成为良好的机载处理器，具有高可靠性、高适应性、高处理能力和高能效：FPGA 具有无与伦比的适应性，甚至可以在运行时重配置；它们的高度并行处理能力允许在执行许多复杂算法时显著加速；硬件 / 软件协同设计方法使它们潜在地更加节能。当涉及为太空探索机器人提供动力时，FPGA 可能最终帮助我们缩小商业处理器和太空级 ASIC 之间长达 20 年的性能差距。其直接结果是，我们在深度学习和计算机视觉等领域取得的成就在不久的将来可能会适用于太空机器人，而这些领域通常对太空级处理器来说计算强度太大。这些新技术的实施将对太空机器人非常有益，能提高它们的自主性和能力，使我们能够探索得更远、更快。

总　　结

自主机器人的商业化正在蓬勃发展，很可能成为继个人计算机、云计算和移动计算之后的下一个主要计算需求驱动因素。在研究了用于机器人计算的各种计算基板后，我们认为 FPGA 是目前最适合机器人应用的计算基板，原因有以下几点。第一，机器人算法仍在快速发展，因此任何基于 ASIC 的加速器都将比先进的算法落后数月甚至数年；另一方面，FPGA 可以根据需要动态更新。第二，机器人的工作负载种类繁多，因此任何基于 ASIC 的机器人计算加速器都很难在短期内达到规模经济效益；另一方面，在一种加速器达到规模经济效益之前，FPGA 是一种经济高效且节能的替代方案。第三，与已实现规模经济的 SoC（如移动 SoC）相比，FPGA 具有显著的性能优势。

10.1　本书主要内容回顾

机器人要实现智能化，首先必须能够感知世界，通过感知了解环境，通过定位跟踪自身位置，综合所有信息，从而通过规划和控制做出决策。除了这些基本任务外，机器人之间还经常相互合作，以扩展其感知能力并做出更智能的决策。所有这些任务都必须实时执行，而且往往在有严格能源限制的平台上执行。我们认为 FPGA 是目前机器人计算的最佳计算基板，因此我们在本书中对 FPGA 上的机器人计算进行了详细的介绍和讨论。

具体而言，在第 2 章中，我们介绍了 FPGA 技术的背景，让没有 FPGA 相关知识的读者能够基本了解什么是 FPGA 以及 FPGA 如何工作。我们还介绍了部分重配置，这是一种利用 FPGA 灵活性的技术，对于各种机器人工作负载分时使用 FPGA 以最大限度降低能耗和提升资源利用率极为有用。此外，对于机器人计算的重要基础设施——ROS，我们讨论了使其能够直接在 FPGA 上运行的现有技术。

在第 3 章中，我们介绍了基于 FPGA 的机器人感知神经网络加速器设计，并证明通过软硬件协同设计，FPGA 的速度和能效比先进的 GPU 高 10 倍以上。因此，我们验证了 FPGA 是神经网络加速的理想候选器件。

在第 4 章中，我们讨论了机器人感知中的各种立体视觉算法及其 FPGA 加速器设计。我们还证明，通过精心的算法 – 硬件协同设计，FPGA 的能效和性能可以比先进的 GPU 和 CPU 高出两个数量级。

在第 5 章中，我们介绍了一种通用定位框架，该框架集成了现有算法中的关键原语，并在 FPGA 中实现。我们还表明，基于 FPGA 的定位框架保留了单个算法的高精度，简化了软件栈，并提供了理想的加速目标。

在第 6 章中，我们讨论了运动规划模块，并比较了运动规划中的多种 FPGA 和 ASIC 加速器设计，以分析内在的性能权衡。我们证明，通过精心的算法 – 硬件协同设计，FPGA 可以实现比 CPU 快三个数量级、比 GPU 快两个数量级的速度，并且功耗显著降低。这表明，FPGA 是加速运动规划内核的理想选择。

在第 7 章中，我们探讨了如何在多机器人探索任务中使用 FPGA。具体来说，我们介绍了基于 FPGA 的可中断 CNN 加速器和多机器人探索的部署框架。我们预计协作机器人将越来越受欢迎，因为它们与单机器人系统相比具有显著优势，因此在 FPGA 上优化协作机器人工作负载将变得越来越重要。

在第 8 章中，我们回顾并总结了 PerceptIn 为自动驾驶汽车开发车载计算系统所做的努力，特别是如何利用 FPGA 加速完整自动驾驶栈中的关键任务。例如，定位由 FPGA 加速，而深度估计和物体检测则由 GPU 加速。该案例研究表明，FPGA 能够在自动驾驶中发挥关键作用，利用加速器级并行性，同时考虑到不同情况下产生的限制，可以显著改善车载处理。

在第 9 章中，我们介绍了过去 20 年中 FPGA 在太空机器人应用中的使用情况。FPGA 的特性使其成为执行太空任务的理想机载处理器，具有高可靠性、高适应性、高处理能力和高能效。我们相信，在为太空探索机器人提供动力方面，FPGA 最终可能会帮助我们缩小商用处理器与太空级 ASIC 之间长达 20 年的性能差距。

10.2　展望未来

展望未来，FPGA 要成为机器人计算基板的首选方案还有很长的路要走，因为 FPGA 上的机器人计算主要受制于基础设施支持、可用工具以及人才供应。在基础设施支持方面，ROS 是自主机器和机器人使用最广泛的操作系统，因为 ROS 提供了基本的操作系统服务，包括硬件抽象、底层设备控制、常用功能实现、进程间消息传递和包管理。遗憾的是，ROS 并不正式支持 FPGA。尽管在 ROS 和 FPGA 之间搭建桥梁的努力有限，但要在 FPGA 上实现更多的机器人工作负载，ROS 需要像对待 CPU 和 GPU 一样，将 FPGA 视为首选方案。

在现有工具中，FPGA 编程对于硬件背景有限的工程师（如机器人工程师）来说极具挑战性。因此，为机器人工程师提供 FPGA 设计和编程工具势在必行。最近，HeteroCL 在应对挑战方面迈出了第一步 [404]。具体来说，HeteroCL 由基于 Python 的特定领域语言（DSL）和编译流组成，支持程序员将其机器人工作负载移植到 FPGA 上。作为机器人计算研究人员，我们应开发更多像 HeteroCL 这样的工具，并将这些工具正式集成到 FPGA 开发周期中。

最后，在人才供给方面，现有的工程教育体系并不是为了提供跨学科培训而设计的，因为可重构计算通常是电气与计算机工程系的高级课题，而机器人技术通常是计算机科学系的高级课题。为了培养更多具有机器人计算跨学科背景的工程师，我们需要加强工程教育系统，开设有关这些跨学科课题的课程和项目，正如 [405] 所指出的那样。

通过向读者介绍各种机器人模块以及在 FPGA 上启用和优化这些模块的先进方法，本书的确切目的是引导感兴趣的研究人员找到 FPGA 上机器人计算最有成效的研究方向，同时引导感兴趣的学生掌握推动机器人计算领域发展的基本技能。我们衷心希望你能喜欢本书。

参 考 文 献

[1] A. Qiantori, A. B. Sutiono, H. Hariyanto, H. Suwa, and T. Ohta, An emergency medical communications system by low altitude platform at the early stages of a natural disaster in Indonesia, *Journal of Medical Systems*, 36(1):41–52, 2012. DOI: 10.1007/s10916-010-9444-9. 1

[2] A. Ryan and J. K. Hedrick, A mode-switching path planner for UAV-assisted search and rescue, *Proc. of the 44th IEEE Conference on Decision and Control*, pages 1471–1476, 2005. DOI: 10.1109/cdc.2005.1582366. 1

[3] N. Smolyanskiy, A. Kamenev, J. Smith, and S. Birchfield, Toward low-flying autonomous MAV trail navigation using deep neural networks for environmental awareness, *ArXiv Preprint ArXiv:1705.02550*, 2017. DOI: 10.1109/iros.2017.8206285. 1

[4] A. Giusti, J. Guzzi, D. C. Cireşan, F.-L. He, J. P. Rodríguez, F. Fontana, M. Faessler, C. Forster, J. Schmidhuber, G. Di Caro et al., A machine learning approach to visual perception offorest trails for mobile robots, *IEEE Robotics and Automation Letters*, 1(2):661–667, 2015. DOI: 10.1109/lra.2015.2509024. 1

[5] B. Li, S. Liu, J. Tang, J.-L. Gaudiot, L. Zhang, and Q. Kong, Autonomous last-mile delivery vehicles in complex traffic environments, *Computer*, 53, 2020. DOI: 10.1109/mc.2020.2970924. 1

[6] S. J. Kim, Y. Jeong, S. Park, K. Ryu, and G. Oh, A survey of drone use for entertainment and AVR (augmented and virtual reality), *Augmented Reality and Virtual Reality*, pages 339–352, Springer, 2018. DOI: 10.1007/978-3-319-64027-3_23. 1

[7] S. Jung, S. Cho, D. Lee, H. Lee, and D. H. Shim, A direct visual servoing-based framework for the 2016 IROS autonomous drone racing challenge, *Journal of Field Robotics*, 35(1):146–166, 2018. DOI: 10.1002/rob.21743. 1

[8] Fact sheet—the federal aviation administration (FAA) aerospace forecast fiscal years (FY) 2020–2040. https://www.faa.gov/news/fact_sheets/news_story.cfm?newsId=24756, 2020. 1

[9] S. Liu, L. Li, J. Tang, S. Wu, and J.-L. Gaudiot, Creating autonomous vehicle systems, *Synthesis Lectures on Computer Science*, 6(1):i–186, 2017. DOI: 10.2200/s00787ed1v01y201707csl009. 1, 135, 138

[10] S. Krishnan, Z. Wan, K. Bhardwaj, P. Whatmough, A. Faust, G.-Y. Wei, D. Brooks, and V. J. Reddi, The sky is not the limit: A visual performance model for cyber-physical co-design in autonomous machines, *IEEE Computer Architecture Letters*, 19(1):38–42, 2020. DOI: 10.1109/lca.2020.2981022. 1

[11] Z. Wan, B. Yu, T. Y. Li, J. Tang, Y. Zhu, Y. Wang, A. Raychowdhury, and S. Liu, A survey of FPGA-based robotic computing, *ArXiv Preprint ArXiv:2009.06034*, 2020. 1

[12] S. Krishnan, Z. Wan, K. Bharadwaj, P. Whatmough, A. Faust, S. Neuman, G.-Y. Wei, D. Brooks, and V. J. Reddi, Machine learning-based automated design space exploration for autonomous aerial robots, *ArXiv Preprint ArXiv:2102.02988*, 2021. 1

[13] S. Liu and J.-L. Gaudiot, Autonomous vehicles lite self-driving technologies should start small, go slow, *IEEE Spectrum*, 57(3):36–49, 2020. DOI: 10.1109/mspec.2020.9014458. 1, 133

[14] S. Liu, L. Liu, J. Tang, B. Yu, Y. Wang, and W. Shi, Edge computing for autonomous driving: Opportunities and challenges, *Proc. of the IEEE*, 107(8):1697–1716, 2019. DOI: 10.1109/jproc.2019.2915983. 1, 133

[15] S. Liu, B. Yu, Y. Liu, K. Zhang, Y. Qiao, T. Y. Li, J. Tang, and Y. Zhu, The matter of time—a general and efficient system for precise sensor synchronization in robotic computing, *ArXiv Preprint ArXiv:2103.16045*, 2021. 1

[16] S. Liu, J. Peng, and J.-L. Gaudiot, Computer, drive my car! *Computer*, 1:8, 2017. DOI: 10.1109/mc.2017.2. 1, 2, 133, 140

[17] K. Guo, S. Zeng, J. Yu, Y. Wang, and H. Yang, [DL] a survey of FPGA-based neural network inference accelerators, *ACM Transactions on Reconfigurable Technology and Systems (TRETS)*, 12(1):1–26, 2019. DOI: 10.1145/3289185. 1

[18] S. Liu, J. Tang, C. Wang, Q. Wang, and J.-L. Gaudiot, A unified cloud platform for autonomous driving, *Computer*, 50(12):42–49, 2017. DOI: 10.1109/mc.2017.4451224. 2

[19] S. Liu, J. Tang, Z. Zhang, and J.-L. Gaudiot, Computer architectures for autonomous driving, *Computer*, 50(8):18–25, 2017. DOI: 10.1109/mc.2017.3001256. 2

[20] B. Yu, W. Hu, L. Xu, J. Tang, S. Liu, and Y. Zhu, Building the computing system for autonomous micromobility vehicles: Design constraints and architectural optimizations, *53rd Annual IEEE/ACM International Symposium on Microarchitecture (MICRO)*, 2020. DOI: 10.1109/micro50266.2020.00089. 3, 23

[21] S. Liu, B. Yu, Y. Liu, K. Zhang, Y. Qiao, T. Y. Li, J. Tang, and Y. Zhu, Briefindustry paper: The matter of time—a general and efficient system for precise sensor synchronization in robotic computing, *IEEE Real-Time and Embedded Technology and Applications Symposium*, 2021. 4

[22] N. Dalal and B. Triggs, Histograms of oriented gradients for human detection, *IEEE Computer Society Conference on Computer Vision and Pattern Recognition (CVPR'05)*, 1:886–893, 2005. DOI: 10.1109/cvpr.2005.177. 4

[23] Xuming He, R. S. Zemel, and M. A. Carreira-Perpinan, Multiscale conditional random fields for image labeling, *Proc. of the IEEE Computer Society Conference on Computer Vision and Pattern Recognition, CVPR*, 2:II, 2004. DOI: 10.1109/CVPR.2004.1315232. 4

[24] X. He, R. S. Zemel, and D. Ray, Learning and incorporating top-down cues in image segmentation, *Computer Vision—ECCV*, A. Leonardis, H. Bischof, and A. Pinz, Eds., Berlin, Heidelberg: Springer Berlin Heidelberg, pages 338–351, 2006. DOI: 10.1007/11744047. 4

[25] Y. Xiang, A. Alahi, and S. Savarese, Learning to track: Online multi-object tracking by decision making, *IEEE International Conference on Computer Vision (ICCV)*, pages 4705–4713, 2015. DOI: 10.1109/iccv.2015.534. 5

[26] R. Girshick, Fast R-CNN, *IEEE International Conference on Computer Vision (ICCV)*, 2015. http://dx.doi.org/10.1109/ICCV.2015.169 DOI: 10.1109/iccv.2015.169. 5

[27] S. Ren, K. He, R. B. Girshick, and J. Sun, Faster R-CNN: Towards real-time object detection with region proposal networks, *CoRR*, 2015. http://arxiv.org/abs/1506.01497 DOI: 10.1109/tpami.2016.2577031. 5

[28] W. Liu, D. Anguelov, D. Erhan, C. Szegedy, S. E. Reed, C. Fu, and A. C. Berg, SSD: Single shot multibox detector, *CoRR*, 2015. http://arxiv.org/abs/1512.02325 DOI: 10.1007/978-3-319-46448-0_2. 5

[29] J. Redmon, S. K. Divvala, R. B. Girshick, and A. Farhadi, You only look once: Unified, real-time object detection, *CoRR*, 2015. http://arxiv.org/abs/1506.02640 DOI: 10.1109/cvpr.2016.91. 5

[30] J. Redmon and A. Farhadi, YOLO9000: Better, faster, stronger, *CoRR*, 2016. http://arxiv.org/abs/1612.08242 DOI: 10.1109/cvpr.2017.690. 5

[31] J. Long, E. Shelhamer, and T. Darrell, Fully convolutional networks for semantic segmentation, *CoRR*, 2014. http://arxiv.org/abs/1411.4038 DOI: 10.1109/cvpr.2015.7298965. 5

[32] K. He, X. Zhang, S. Ren, and J. Sun, Spatial pyramid pooling in deep convolutional networks for visual recognition, *CoRR*, 2014. http://arxiv.org/abs/1406.4729 DOI: 10.1007/978-3-319-10578-9_23. 5

[33] H. Zhao, J. Shi, X. Qi, X. Wang, and J. Jia, Pyramid scene parsing network, *CoRR*, 2016. http://arxiv.org/abs/1612.01105 DOI: 10.1109/cvpr.2017.660. 5

[34] L. Bertinetto, J. Valmadre, J. F. Henriques, A. Vedaldi, and P. H. S. Torr, Fully-convolutional siamese networks for object tracking, *CoRR*, 2016. http://arxiv.org/abs/

1606.09549 DOI: 10.1007/978-3-319-48881-3_56. 5

[35] H. Durrant-Whyte and T. Bailey, Simultaneous localization and mapping: Part I, *IEEE Robotics Automation Magazine*, 13(2):99–110, 2006. DOI: 10.1109/mra.2006.1638022. 6

[36] M. Montemerlo, J. Becker, S. Bhat, H. Dahlkamp, D. Dolgov, S. Ettinger, D. Haehnel, T. Hilden, G. Hoffmann, B. Huhnke et al., Junior: The Stanford entry in the urban challenge, *Journal of Field Robotics*, 25(9):569–597, 2008. 6

[37] J. Ziegler, P. Bender, M. Schreiber, H. Lategahn, T. Strauss, C. Stiller, T. Dang, U. Franke, N. Appenrodt, C. G. Keller, E. Kaus, R. G. Herrtwich, C. Rabe, D. Pfeiffer, F. Lindner, F. Stein, F. Erbs, M. Enzweiler, C. Knöppel, J. Hipp, M. Haueis, M. Trepte, C. Brenk, A. Tamke, M. Ghanaat, M. Braun, A. Joos, H. Fritz, H. Mock, M. Hein, and E. Zeeb, Making bertha drive—an autonomous journey on a historic route, *IEEE Intelligent Transportation Systems Magazine*, 6(2):8–20, 2014. DOI: 10.1109/mits.2014.2306552. 6

[38] C. Katrakazas, M. Quddus, W.-H. Chen, and L. Deka, Real-time motion planning methods for autonomous on-road driving: State-of-the-art and future research directions, *Transportation Research Part C: Emerging Technologies*, 60:416–442, 2015. DOI: 10.1016/j.trc.2015.09.011. 6

[39] B. Paden, M. Čáp, S. Z. Yong, D. Yershov, and E. Frazzoli, A survey of motion planning and control techniques for self-driving urban vehicles, *IEEE Transactions on Intelligent Vehicles*, 1(1):33–55, 2016. DOI: 10.1109/tiv.2016.2578706. 6

[40] Y. Deng, Y. Chen, Y. Zhang, and S. Mahadevan, Fuzzy Dijkstra algorithm for shortest path problem under uncertain environment, *Applied Soft Computing*, 12(3):1231–1237, 2012. DOI: 10.1016/j.asoc.2011.11.011. 6

[41] P. E. Hart, N. J. Nilsson, and B. Raphael, A formal basis for the heuristic determination of minimum cost paths, *IEEE Transactions on Systems Science and Cybernetics*, 4(2):100–107, 1968. DOI: 10.1109/tssc.1968.300136. 6

[42] S. M. LaValle and J. J. Kuffner Jr, Randomized kinodynamic planning, *The International Journal of Robotics Research*, 20(5):378–400, 2001. DOI: 10.1177/02783640122067453. 6, 92

[43] L. E. Kavraki, P. Svestka, J.-C. Latombe, and M. H. Overmars, Probabilistic roadmaps for path planning in high-dimensional configuration spaces, *IEEE Transactions on Robotics and Automation*, 12(4):566–580, 1996. DOI: 10.1109/70.508439. 6, 7, 92

[44] S. Shalev-Shwartz, N. Ben-Zrihem, A. Cohen, and A. Shashua, Long-term planning by short-term prediction, *ArXiv Preprint ArXiv:1602.01580*, 2016. 6

[45] M. Gómez, R. González, T. Martínez-Marín, D. Meziat, and S. Sánchez, Optimal motion planning by reinforcement learning in autonomous mobile vehicles, *Robotica*,

30(2):159, 2012. DOI: 10.1017/s0263574711000452. 6, 7

[46] S. Shalev-Shwartz, S. Shammah, and A. Shashua, Safe, multi-agent, reinforcement learning for autonomous driving, *ArXiv Preprint ArXiv:1610.03295*, 2016. 6, 7

[47] M. Bojarski, D. Del Testa, D. Dworakowski, B. Firner, B. Flepp, P. Goyal, L. D. Jackel, M. Monfort, U. Muller, J. Zhang et al., End to end learning for self-driving cars, *ArXiv Preprint ArXiv:1604.07316*, 2016. 6

[48] X. Geng, H. Liang, B. Yu, P. Zhao, L. He, and R. Huang, A scenario-adaptive driving behavior prediction approach to urban autonomous driving, *Applied Sciences*, 7(4):426, 2017. DOI: 10.3390/app7040426. 6, 7

[49] C. J. Watkins and P. Dayan, Q-learning, *Machine Learning*, 8(3–4):279–292, 1992. 7

[50] V. R. Konda and J. N. Tsitsiklis, Actor-critic algorithms, *Advances in Neural Information Processing Systems*, pages 1008–1014, 2000. 7

[51] S. Liu, L. Li, J. Tang, S. Wu, and J.-L. Gaudiot, Creating autonomous vehicle systems, *Synthesis Lectures on Computer Science*, 8(2):i–216, 2020. DOI: 10.2200/s01036ed1v01y202007csl012. 7

[52] M. Berg, FPGA mitigation strategies for critical applications, 2019. https://ntrs.nasa.gov/citations/20190033455 12, 149, 150

[53] D. Sheldon, Flash-based FPGA NEPP FY12 summary report, 2013. https://nepp.nasa.gov/files/24179/12_101_JPL_Sheldon_Flash%20FPGA%20Summary%20Report_Sheldon%20rec%203_4_13.pdf 12

[54] I. Kuon, R. Tessier, and J. Rose, *FPGA Architecture: Survey and Challenges*, Now Publishers Inc., 2008. DOI: 10.1561/9781601981271. 12

[55] L. Liu, J. Tang, S. Liu, B. Yu, J.-L. Gaudiot, and Y. Xie, π-RT: A runtime framework to enable energy-efficient real-time robotic vision applications on heterogeneous architectures, *Computer*, 54, 2021. DOI: 10.1109/mc.2020.3015950. 14

[56] K. Vipin and S. A. Fahmy, FPGA dynamic and partial reconfiguration: A survey of architectures, methods, and applications, *ACM Computing Surveys (CSUR)*, 51(4):1–39, 2018. DOI: 10.1145/3193827. 16

[57] R. N. Pittman, Partial reconfiguration: A simple tutorial, *Technical Report*, 2012. 19

[58] S. Liu, R. N. Pittman, and A. Forin, Minimizing partial reconfiguration overhead with fully streaming DMA engines and intelligent ICAP controller, *FPGA*, Citeseer, page 292, 2010. DOI: 10.1145/1723112.1723190. 19, 20, 23

[59] J. H. Anderson and F. N. Najm, Active leakage power optimization for FPGAs, *IEEE Transactions on Computer-Aided Design of Integrated Circuits and Systems*, 25(3):423–437, 2006. DOI: 10.1109/tcad.2005.853692. 22

[60] S. Liu, R. N. Pittman, A. Forin, and J.-L. Gaudiot, Achieving energy efficiency through runtime partial reconfiguration on reconfigurable systems, *ACM Transactions on Embedded Computing Systems (TECS)*, 12(3):72, 2013. DOI: 10.1145/2442116.2442122. 22, 23

[61] E. Rublee, V. Rabaud, K. Konolige, and G. R. Bradski, ORB: An efficient alternative to sift or surf, *ICCV*, 11(1):2, Citeseer, 2011. DOI: 10.1109/iccv.2011.6126544. 23, 79

[62] B. D. Lucas and T. Kanade, An iterative image registration technique with an application to stereo vision, *Proc. of the 7th International Joint Conference on Artificial Intelligence*, 1981. 23, 79

[63] M. Quigley, K. Conley, B. Gerkey, J. Faust, T. Foote, J. Leibs, R. Wheeler, and A. Y. Ng, ROS: An open-source robot operating system, *ICRA Workshop on Open Source Software*, 3(3.2):5, Kobe, Japan, 2009. 24, 112, 113

[64] T. Ohkawa, K. Yamashina, T. Matsumoto, K. Ootsu, and T. Yokota, Architecture exploration ofintelligent robot system using ROS-compliant FPGA component, *International Symposium on Rapid System Prototyping (RSP), IEEE*, pages 1–7, 2016. DOI: 10.1145/2990299.2990312. 26

[65] K. Yamashina, T. Ohkawa, K. Ootsu, and T. Yokota, Proposal of ROS-compliant FPGA component for low-power robotic systems, *ArXiv Preprint ArXiv:1508.07123*, 2015. 26, 27

[66] Y. Sugata, T. Ohkawa, K. Ootsu, and T. Yokota, Acceleration of publish/subscribe messaging in ROS-compliant FPGA component, *Proc. of the 8th International Symposium on Highly Efficient Accelerators and Reconfigurable Technologies*, pages 1–6, 2017. DOI: 10.1145/3120895.3120904. 27

[67] L. Chappell, *Wireshark Network Analysis*, Podbooks.com, LLC, 2012. 28

[68] P. Merrick, S. Allen, and J. Lapp, XML remote procedure call (XML-RPC), U.S. Patent 7,028,312, 2006. 28

[69] H. Takase, T. Mori, K. Takagi, and N. Takagi, mROS: A lightweight runtime environment for robot software components onto embedded devices, *Proc. of the 10th International Symposium on Highly-Efficient Accelerators and Reconfigurable Technologies*, pages 1–6, 2019. DOI: 10.1145/3337801.3337815. 28

[70] H. Zhan, R. Garg, C. S. Weerasekera, K. Li, H. Agarwal, and I. Reid, Unsupervised learning of monocular depth estimation and visual odometry with deep feature reconstruction, *CVPR*, 2018. DOI: 10.1109/cvpr.2018.00043. 31

[71] R. Liu, J. Yang, Y. Chen, and W. Zhao, ESLAM: An energy-efficient accelerator for real-time ORB-SLAM on FPGA platform, *Proc. of the 56th Annual Design Automation Conference*, pages 1–6, 2019. DOI: 10.1145/3316781.3317820. 31, 73, 79, 89

[72] F. Radenović, G. Tolias, and O. Chum, Fine-tuning CNN image retrieval with no human annotation, *IEEE Transactions on Pattern Analysis and Machine Intelligence*, 41(7):1655–1668, 2018. DOI: 10.1109/tpami.2018.2846566. 31, 110, 111, 115, 128

[73] H. Jégou and A. Zisserman, Triangulation embedding and democratic aggregation for image search, *CVPR*, pages 3310–3317, 2014. DOI: 10.1109/cvpr.2014.417. 31, 110

[74] A. Krizhevsky, I. Sutskever, and G. E. Hinton, ImageNet classification with deep convolutional neural networks, *Advances in Neural Information Processing Systems*, pages 1097–1105, 2012. DOI: 10.1145/3065386. 32, 34, 37, 40

[75] O. Russakovsky, J. Deng, H. Su, J. Krause, S. Satheesh, S. Ma, Z. Huang, A. Karpathy, A. Khosla, M. Bernstein, A. C. Berg, and L. Fei-Fei, ImageNet large scale visual recognition challenge, *International Journal of Computer Vision (IJCV)*, 115(3):211–252, 2015. DOI: 10.1007/s11263-015-0816-y. 32

[76] R. Girshick, J. Donahue, T. Darrell, and J. Malik, Rich feature hierarchies for accurate object detection and semantic segmentation, *Proc. of the IEEE Conference on Computer Vision and Pattern Recognition*, pages 580–587, 2014. DOI: 10.1109/cvpr.2014.81. 32

[77] A. Hannun, C. Case, J. Casper, B. Catanzaro, G. Diamos, E. Elsen, R. Prenger, S. Satheesh, S. Sengupta, A. Coates et al., Deep speech: Scaling up end-to-end speech recognition, *ArXiv Preprint ArXiv:1412.5567*, 2014. 32, 34

[78] K. Simonyan and A. Zisserman, Very deep convolutional networks for large-scale image recognition, *ArXiv Preprint ArXiv:1409.1556*, 2014. 32, 34, 45

[79] A. G. Howard, M. Zhu, B. Chen, D. Kalenichenko, W. Wang, T. Weyand, M. Andreetto, and H. Adam, MobileNets: Efficient convolutional neural networks for mobile vision applications, *ArXiv Preprint ArXiv:1704.04861*, 2017. 32, 37

[80] X. Zhang, X. Zhou, M. Lin, and J. Sun, ShuffleNet: An extremely efficient convolutional neural network for mobile devices, *CoRR*, 2017. http://arxiv.org/abs/1707.01083 DOI: 10.1109/cvpr.2018.00716. 32

[81] Y. Jia, E. Shelhamer, J. Donahue, S. Karayev, J. Long, R. Girshick, S. Guadarrama, and T. Darrell, Caffe: Convolutional architecture for fast feature embedding, *Proc. of the 22nd ACM International Conference on Multimedia*, pages 675–678, 2014. DOI: 10.1145/2647868.2654889. 33, 117

[82] M. Abadi, A. Agarwal, P. Barham, E. Brevdo, Z. Chen, C. Citro, G. S. Corrado, A. Davis, J. Dean, M. Devin et al., TensorFlow: Large-scale machine learning on heterogeneous distributed systems, *ArXiv Preprint ArXiv:1603.04467*, 2016. 33

[83] C. Szegedy, W. Liu, Y. Jia, P. Sermanet, S. Reed, D. Anguelov, D. Erhan, V. Vanhoucke, and A. Rabinovich, Going deeper with convolutions, *Proc. of the IEEE Conference on Computer Vision and Pattern Recognition*, pages 1–9, 2015. DOI: 10.1109/cvpr.2015.7298594. 34

[84] K. He, X. Zhang, S. Ren, and J. Sun, Deep residual learning for image recognition, *Proc. of the IEEE Conference on Computer Vision and Pattern Recognition*, pages 770–778, 2016. DOI: 10.1109/cvpr.2016.90. 32, 34, 37, 45

[85] D. Amodei, S. Ananthanarayanan, R. Anubhai, J. Bai, E. Battenberg, C. Case, J. Casper, B. Catanzaro, Q. Cheng, G. Chen et al., Deep speech 2: End-to-end speech recognition in English and mandarin, *International Conference on Machine Learning*, pages 173–182, 2016. 34

[86] F. N. Iandola, S. Han, M. W. Moskewicz, K. Ashraf, W. J. Dally, and K. Keutzer, SqueezeNet: AlexNet-level accuracy with 50x fewer parameters and < 0.5 MB model size, *ArXiv Preprint ArXiv:1602.07360*, 2016. 37

[87] M. Tan, B. Chen, R. Pang, V. Vasudevan, and Q. V. Le, MnasNet: Platform-aware neural architecture search for mobile, *ArXiv Preprint ArXiv:1807.11626*, 2018. DOI: 10.1109/cvpr.2019.00293. 37

[88] X. Wang, F. Yu, Z.-Y. Dou, and J. E. Gonzalez, SkipNet: Learning dynamic routing in convolutional networks, *ArXiv Preprint ArXiv:1711.09485*, 2017. DOI: 10.1007/978-3-030-01261-8_25. 37

[89] H. Guan, S. Liu, X. Ma, W. Niu, B. Ren, X. Shen, Y. Wang, and P. Zhao, Cocopie: Enabling real-time AI on off-the-shelf mobile devices via compression-compilation co-design, *Communications of the ACM*, 2021. 37

[90] J. Qiu, J. Wang, S. Yao, K. Guo, B. Li, E. Zhou, J. Yu, T. Tang, N. Xu, S. Song et al., Going deeper with embedded FPGA platform for convolutional neural network, *Proc. of the ACM/SIGDA International Symposium on Field-Programmable Gate Arrays*, pages 26–35, 2016. DOI: 10.1145/2847263.2847265. 38, 39, 40, 41, 43, 46, 48, 49, 50, 111, 115, 117, 119, 121

[91] J. Wang, Q. Lou, X. Zhang, C. Zhu, Y. Lin, and D. Chen, Design flow of accelerating hybrid extremely low bit-width neural network in embedded FPGA, *ArXiv Preprint ArXiv:1808.04311*, 2018. DOI: 10.1109/fpl.2018.00035. 38

[92] K. Guo, L. Sui, J. Qiu, J. Yu, J. Wang, S. Yao, S. Han, Y. Wang, and H. Yang, Angel-eye: A complete design flow for mapping CNN onto embedded FPGA, *IEEE Transactions on Computer-Aided Design of Integrated Circuits and Systems*, 37(1):35–47, 2017. DOI: 10.1109/tcad.2017.2705069. 38, 39, 40, 43, 48, 49, 50, 111, 115, 117, 119, 121, 128

[93] T. Tambe, E.-Y. Yang, Z. Wan, Y. Deng, V. J. Reddi, A. Rush, D. Brooks, and G.-Y. Wei, AdaptivFloat: A floating-point based data type for resilient deep learning inference, *ArXiv Preprint ArXiv:1909.13271*, 2019. 38

[94] T. Tambe, E. Yang, Z. Wan, Y. Deng, V. J. Reddi, A. Rush, D. Brooks, and G.-Y. Wei, Algorithm-hardware co-design of adaptive floating-point encodings for resilient deep learning inference, *57th ACM/IEEE Design Automation Conference (DAC)*, pages 1–6, 2020. DOI: 10.1109/dac18072.2020.9218516. 38

[95] S. Krishnan, S. Chitlangia, M. Lam, Z. Wan, A. Faust, and V. J. Reddi, Quantized reinforcement learning (QUARL), *ArXiv Preprint ArXiv:1910.01055*, 2019. 38

[96] F. Li, B. Zhang, and B. Liu, Ternary weight networks, *ArXiv Preprint ArXiv:1605.04711*, 2016. 38, 39

[97] S. Zhou, Y. Wu, Z. Ni, X. Zhou, H. Wen, and Y. Zou, Dorefa-Net: Training low bitwidth convolutional neural networks with low bitwidth gradients, *ArXiv Preprint ArXiv:1606.06160*, 2016. 38, 39

[98] W. Chen, J. Wilson, S. Tyree, K. Weinberger, and Y. Chen, Compressing neural networks with the hashing trick, *International Conference on Machine Learning*, pages 2285–2294, 2015. 38

[99] S. Han, H. Mao, and W. J. Dally, Deep compression: Compressing deep neural networks with pruning, trained quantization and Huffman coding, *ArXiv Preprint ArXiv:1510.00149*, 2015. 38, 39, 40

[100] C. Zhu, S. Han, H. Mao, and W. J. Dally, Trained ternary quantization, *ArXiv Preprint ArXiv:1612.01064*, 2016. 38, 39

[101] X. Zhang, J. Zou, X. Ming, K. He, and J. Sun, Efficient and accurate approximations of nonlinear convolutional networks, *Proc. of the IEEE Conference on Computer Vision and Pattern Recognition*, pages 1984–1992, 2015. DOI: 10.1109/cvpr.2015.7298809. 40

[102] B. Liu, M. Wang, H. Foroosh, M. Tappen, and M. Pensky, Sparse convolutional neural networks, *Proc. of the IEEE Conference on Computer Vision and Pattern Recognition*, pages 806–814, 2015. DOI: 10.1109/CVPR.2015.7298681. 40

[103] A. Podili, C. Zhang, and V. Prasanna, Fast and efficient implementation of convolutional neural networks on FPGA, *Application-Specific Systems, Architectures and Processors (ASAP), IEEE 28th International Conference on*, pages 11–18, 2017. DOI: 10.1109/asap.2017.7995253. 40, 50

[104] H. Li, X. Fan, L. Jiao, W. Cao, X. Zhou, and L. Wang, A high performance FPGA-based accelerator for large-scale convolutional neural networks, *26th International Conference on Field Programmable Logic and Applications (FPL), IEEE*, pages 1–9, 2016. DOI: 10.1109/fpl.2016.7577308. 40, 45, 50, 51

[105] Q. Xiao, Y. Liang, L. Lu, S. Yan, and Y.-W. Tai, Exploring heterogeneous algorithms for accelerating deep convolutional neural networks on FPGAs, *Proc. of the 54th Annual Design Automation Conference, ACM*, page 62, 2017. DOI: 10.1145/3061639.3062244. 40, 43, 50

[106] Y. Guan, H. Liang, N. Xu, W. Wang, S. Shi, X. Chen, G. Sun, W. Zhang, and J. Cong, FP-DNN: An automated framework for mapping deep neural networks onto FPGAs with RTL-HLS hybrid templates, *Field-Programmable Custom Computing Machines (FCCM), IEEE 25th Annual International Symposium on*, pages 152–159, 2017. DOI: 10.1109/fccm.2017.25. 40, 49, 50

[107] C. Zhang, Z. Fang, P. Zhou, P. Pan, and J. Cong, Caffeine: Towards uniformed representation and acceleration for deep convolutional neural networks, *Computer-Aided Design (ICCAD), IEEE/ACM International Conference on*, pages 1–8, 2016. DOI: 10.1145/2966986.2967011. 40, 43, 50, 51

[108] S. Han, J. Kang, H. Mao, Y. Hu, X. Li, Y. Li, D. Xie, H. Luo, S. Yao, Y. Wang, H. Yang, and W. J. Dally, ESE: Efficient speech recognition engine with sparse LSTM on FPGA. *FPGA*, pages 75–84, 2017. DOI: 10.1145/3020078.3021745. 40, 45, 46, 49, 50, 52

[109] A. Prost-Boucle, A. Bourge, F. Pétrot, H. Alemdar, N. Caldwell, and V. Leroy, Scalable high-performance architecture for convolutional ternary neural networks on FPGA, *Field Programmable Logic and Applications (FPL), 27th International Conference on, IEEE*, pages 1–7, 2017. DOI: 10.23919/fpl.2017.8056850. 41

[110] E. Nurvitadhi, J. Sim, D. Sheffield, A. Mishra, S. Krishnan, and D. Marr, Accelerating recurrent neural networks in analytics servers: Comparison of FPGA, CPU, GPU, and ASIC, *Field Programmable Logic and Applications (FPL), 26th International Conference on, IEEE*, pages 1–4, 2016. DOI: 10.1109/fpl.2016.7577314. 41

[111] Y. Li, Z. Liu, K. Xu, H. Yu, and F. Ren, A 7.663-TOPS 8.2-W energy-efficient FPGA accelerator for binary convolutional neural networks, *ArXiv Preprint ArXiv:1702.06392*, 2017. DOI: 10.1145/3020078.3021786. 41

[112] H. Nakahara, H. Yonekawa, H. Iwamoto, and M. Motomura, A batch normalization free binarized convolutional deep neural network on an FPGA, *Proc. of the ACM/SIGDA International Symposium on Field-Programmable Gate Arrays*, pages 290–290, 2017. DOI: 10.1145/3020078.3021782. 41

[113] R. Zhao, W. Song, W. Zhang, T. Xing, J.-H. Lin, M. Srivastava, R. Gupta, and Z. Zhang, Accelerating binarized convolutional neural networks with software-programmable FPGAs, *Proc. of the ACM/SIGDA International Symposium on Field-Programmable Gate Arrays*, pages 15–24, 2017. DOI: 10.1145/3020078.3021741. 41

[114] Y. Umuroglu, N. J. Fraser, G. Gambardella, M. Blott, P. Leong, M. Jahre, and K. Vissers, FINN: A framework for fast, scalable binarized neural network inference, *Proc. of the ACM/SIGDA International Symposium on Field-Programmable Gate Arrays*, pages 65–74, 2017. DOI: 10.1145/3020078.3021744. 41

[115] H. Nakahara, T. Fujii, and S. Sato, A fully connected layer elimination for a binarizec convolutional neural network on an FPGA, *Field Programmable Logic and Applications (FPL), 27th International Conference on, IEEE*, pages 1–4, 2017. DOI: 10.23919/fpl.2017.8056771. 41, 49, 50

[116] L. Jiao, C. Luo, W. Cao, X. Zhou, and L. Wang, Accelerating low bit-width convolutional neural networks with embedded FPGA, *Field Programmable Logic and Applications (FPL), 27th International Conference on, IEEE*, pages 1–4, 2017. DOI: 10.23919/fpl.2017.8056820. 41, 49, 50

[117] D. J. Moss, E. Nurvitadhi, J. Sim, A. Mishra, D. Marr, S. Subhaschandra, and P. H. Leong, High performance binary neural networks on the xeon+ FPGA™ platform, *Field Programmable Logic and Applications (FPL), 27th International Conference on IEEE*, pages 1–4, 2017. DOI: 10.23919/fpl.2017.8056823. 41, 49, 50

[118] L. Yang, Z. He, and D. Fan, A fully onchip binarized convolutional neural network FPGA implementation with accurate inference, *Proc. of the International Symposium on Low Power Electronics and Design, ACM*, page 50, 2018. DOI: 10.1145/3218603.3218615. 41, 45

[119] M. Ghasemzadeh, M. Samragh, and F. Koushanfar, Rebnet: Residual binarized neural network, *IEEE 26th Annual International Symposium on Field-Programmable Custom Computing Machines (FCCM)*, 2018. DOI: 10.1109/fccm.2018.00018. 41

[120] M. Samragh, M. Ghasemzadeh, and F. Koushanfar, Customizing neural networks for efficient FPGA implementation, *Field-Programmable Custom Computing Machines (FCCM), IEEE 25th Annual International Symposium on*, pages 85–92, 2017. DOI: 10.1109/fccm.2017.43. 41

[121] J. Guo, S. Yin, P. Ouyang, L. Liu, and S. Wei, Bit-width based resource partitioning for CNN acceleration on FPGA, *Field-Programmable Custom Computing Machines (FCCM), IEEE 25th Annual International Symposium on*, page 31, 2017 DOI: 10.1109/fccm.2017.13. 41

[122] D. Nguyen, D. Kim, and J. Lee, Double MAC: Doubling the performance of convolutional neural networks on modern FPGAs, *Design, Automation and Test in Europe Conference and Exhibition (DATE), IEEE*, pages 890–893, 2017. DOI: 10.23919/date.2017.7927113. 42

[123] C. Zhang and V. K. Prasanna, Frequency domain acceleration of convolutional neural networks on CPU-FPGA shared memory system, *FPGA*, pages 35–44, 2017. DOI: 10.1145/3020078.3021727. 42, 43, 45, 46, 50, 51

[124] C. Ding, S. Liao, Y. Wang, Z. Li, N. Liu, Y. Zhuo, C. Wang, X. Qian, Y. Bai, G. Yuan, X. Ma, Y. Zhang, J. Tang, Q. Qiu, X. Lin, and B. Yuan, CirCNN: Accelerating and compressing deep neural networks using block-circulant weight matrices, *Proc. of the 50th Annual IEEE/ACM International Symposium on Microarchitecture*, pages 395–408, 2017. DOI: 10.1145/3123939.3124552. 42

[125] S. Winograd, *Arithmetic Complexity of Computations*, SIAM, 33, 1980. DOI: 10.1137/1.9781611970364. 43

[126] L. Lu, Y. Liang, Q. Xiao, and S. Yan, Evaluating fast algorithms for convolutional neural networks on FPGAs, *Field-Programmable Custom Computing Machines (FCCM), IEEE 25th Annual International Symposium on*, pages 101–108, 2017. DOI: 10.1109/fccm.2017.64. 43, 45, 50, 51, 52

[127] C. Zhuge, X. Liu, X. Zhang, S. Gummadi, J. Xiong, and D. Chen, Face recognition with hybrid efficient convolution algorithms on FPGAs, *Proc. of the on Great Lakes Symposium on VLSI, ACM*, pages 123–128, 2018. DOI: 10.1145/3194554.3194597. 43

[128] Y. Ma, Y. Cao, S. Vrudhula, and J.-S. Seo, Optimizing loop operation and dataflow in FPGA acceleration of deep convolutional neural networks, *Proc. of the ACM/SIGDA International Symposium on Field-Programmable Gate Arrays*, pages 45–54, 2017. DOI: 10.1145/3020078.3021736. 43, 45, 46, 48, 50

[129] J. Zhang and J. Li, Improving the performance of openCL-based FPGA accelerator for convolutional neural network, *FPGA*, pages 25–34, 2017. DOI: 10.1145/3020078.3021698. 43, 50, 51

[130] E. Wu, X. Zhang, D. Berman, and I. Cho, A high-throughput reconfigurable processing array for neural networks, *Field Programmable Logic and Applications (FPL), 27th International Conference on, IEEE*, pages 1–4, 2017. DOI: 10.23919/fpl.2017.8056794. 43

[131] https://github.com/Xilinx/chaidnn, 2018. 43

[132] https://www.xilinx.com/support/documentation/white_papers/wp504-accel-dnns.pdf, 2018. 43

[133] C. Zhang, P. Li, G. Sun, Y. Guan, B. Xiao, and J. Cong, Optimizing FPGA-based accelerator design for deep convolutional neural networks, *Proc. of the ACM/SIGDA International Symposium on Field-Programmable Gate Arrays*, pages 161–170, 2015. DOI: 10.1145/2684746.2689060. 45, 46, 48, 50, 51

[134] M. Motamedi, P. Gysel, V. Akella, and S. Ghiasi, Design space exploration of FPGA-based deep convolutional neural networks, *Design Automation Conference (ASP-DAC), 21st Asia and South Pacific, IEEE*, pages 575–580, 2016. DOI: 10.1109/asp-dac.2016.7428073. 45, 48

[135] Z. Liu, Y. Dou, J. Jiang, and J. Xu, Automatic code generation of convolutional neural networks in FPGA implementation, *Field-Programmable Technology (FPT), International Conference on, IEEE*, pages 61–68, 2016. DOI: 10.1109/FPT.2016.7929190. 45, 50, 51

[136] X. Zhang, J. Wang, C. Zhu, Y. Lin, J. Xiong, W.-M. Hwu, and D. Chen, DNNBuilder: An automated tool for building high-performance DNN hardware accelerators for FPGAs, *Proc. of the International Conference on Computer-Aided Design, ACM*, page 56, 2018. DOI: 10.1145/3240765.3240801. 45

[137] C. Zhang, D. Wu, J. Sun, G. Sun, G. Luo, and J. Cong, Energy-Efficient CNN implementation on a deeply pipelined FPGA cluster, *Proc. of the International Symposium on Low Power Electronics and Design, ACM*, pages 326–331, 2016. DOI: 10.1145/2934583.2934644. 45, 50, 52

[138] Y. Shen, M. Ferdman, and P. Milder, Overcoming resource underutilization in spatial CNN accelerators, *Field Programmable Logic and Applications (FPL), 26th International Conference on, IEEE*, pages 1–4, 2016. DOI: 10.1109/fpl.2016.7577315. 45

[139] X. Lin, S. Yin, F. Tu, L. Liu, X. Li, and S. Wei, LCP: A layer clusters paralleling mapping method for accelerating inception and residual networks on FPGA, *Proc. of the 55th Annual Design Automation Conference, ACM*, page 16, 2018. DOI: 10.1145/3195970.3196067. 45

[140] X. Wei, C. H. Yu, P. Zhang, Y. Chen, Y. Wang, H. Hu, Y. Liang, and J. Cong, Automated systolic array architecture synthesis for high throughput CNN inference on FPGAs, *Proc. of the 54th Annual Design Automation Conference*, pages 1–6, 2017. DOI: 10.1145/3061639.3062207. 46

[141] U. Aydonat, S. O'Connell, D. Capalija, A. C. Ling, and G. R. Chiu, An openCL (TM) deep learning accelerator on arria 10, *ArXiv Preprint ArXiv:1701.03534*, 2017. 46, 50

[142] M. Horowitz, Energy table for 45 nm process, Stanford VLSI Wiki. https://sites.google.com/site/seecproject 48

[143] Y. Shen, M. Ferdman, and P. Milder, Escher: A CNN accelerator with flexible buffering to minimize off-chip transfer, *Proc. of the 25th IEEE International Symposium on Field-Programmable Custom Computing Machines (FCCM'17), IEEE Computer Society*, Los Alamitos, CA, 2017. DOI: 10.1109/fccm.2017.47. 48

[144] M. Alwani, H. Chen, M. Ferdman, and P. Milder, Fused-layer CNN accelerators, *Microarchitecture (MICRO), 49th Annual IEEE/ACM International Symposium on, IEEE*, pages 1–12, 2016. DOI: 10.1109/micro.2016.7783725. 49

[145] J. Yu, Y. Hu, X. Ning, J. Qiu, K. Guo, Y. Wang, and H. Yang, Instruction driven cross-layer CNN accelerator with winograd transformation on FPGA, in *International Conference on Field Programmable Technology*, 2017, pages 227–230. DOI: 10.1109/fpt.2017.8280147. 49

[146] N. Suda, V. Chandra, G. Dasika, A. Mohanty, Y. Ma, S. Vrudhula, J.-S. Seo, and Y. Cao, Throughput-optimized openCL-based FPGA accelerator for large-scale convolutional neural networks, *Proc. of the ACM/SIGDA International Symposium on Field-Programmable Gate Arrays*, pages 16–25, 2016. DOI: 10.1145/2847263.2847276. 50

[147] S. I. Venieris and C.-S. Bouganis, fpgaConvNet: Automated mapping of convolutional neural networks on FPGAs, *Proc. of the ACM/SIGDA International Symposium on Field-Programmable Gate Arrays*, pages 291–292, 2017. DOI: 10.1145/3020078.3021791. 50

[148] J. Shen, Y. Huang, Z. Wang, Y. Qiao, M. Wen, and C. Zhang, Towards a uniform template-based architecture for accelerating 2D and 3D CNNs on FPGA, *ACM/SIGDA International Symposium*, pages 97–106, 2018. DOI: 10.1145/3174243.3174257. 50

[149] Y. Guan, Z. Yuan, G. Sun, and J. Cong, FPGA-based accelerator for long short-term memory recurrent neural networks, *Design Automation Conference (ASP-DAC), 22nd Asia and South Pacific, IEEE*, pages 629–634, 2017. DOI: 10.1109/aspdac.2017.7858394. 50

[150] H. Mao, S. Han, J. Pool, W. Li, X. Liu, Y. Wang, and W. J. Dally, Exploring the regularity of sparse structure in convolutional neural networks, *ArXiv Preprint ArXiv:1705.08922*, 2017. 52

[151] http://www.deephi.com/technology/dnndk 2018. 53

[152] N. Dalal and B. Triggs, Histograms of oriented gradients for human detection, *IEEE Computer Society Conference on Computer Vision and Pattern Recognition (CVPR'05)*, 1:886–893, 2005. DOI: 10.1109/cvpr.2005.177. 55, 56

[153] P. Felzenszwalb, D. McAllester, and D. Ramanan, A discriminatively trained, multi-scale, deformable part model, *IEEE Conference on Computer Vision and Pattern Recognition*, pages 1–8, 2008. DOI: 10.1109/cvpr.2008.4587597. 56

[154] X. He, R. S. Zemel, and M. Á. Carreira-Perpiñán, Multiscale conditional random fields for image labeling, *Proc. of the IEEE Computer Society Conference on Computer Vision and Pattern Recognition, CVPR*, 2:II, 2004. DOI: 10.1109/cvpr.2004.1315232. 56, 57

[155] X. He, R. S. Zemel, and D. Ray, Learning and incorporating top-down cues in image segmentation, *European Conference on Computer Vision*, pages 338–351, Springer, 2006. DOI: 10.1007/11744023_27. 56

[156] P. Krähenbühl and V. Koltun, Efficient inference in fully connected CRFS with Gaussian edge potentials, *Advances in Neural Information Processing Systems*, 24:109–117, 2011. 56

[157] L. Ladicky, C. Russell, P. Kohli, and P. H. Torr, Graph cut based inference with co-occurrence statistics, *European Conference on Computer Vision*, pages 239–253, Springer, 2010. DOI: 10.1007/978-3-642-15555-0_18. 56

[158] B. K. Horn and B. G. Schunck, Determining optical flow, *Techniques and Applications of Image Understanding*, 281:pages 319–331, International Society for Optics and Photonics, 1981. DOI: 10.1117/12.965761. 57

[159] S. L. Hicks, I. Wilson, L. Muhammed, J. Worsfold, S. M. Downes, and C. Kennard, A depth-based head-mounted visual display to aid navigation in partially sighted individuals, *PloS One*, 8(7):e67695, 2013. DOI: 10.1371/journal.pone.0067695. 58

[160] T. Whelan, R. F. Salas-Moreno, B. Glocker, A. J. Davison, and S. Leutenegger, ElasticFusion: Real-time dense slam and light source estimation, *The International Journal of Robotics Research*, 35(14):1697–1716, 2016. DOI: 10.1177/0278364916669237. 58

[161] V. A. Prisacariu, O. Kähler, S. Golodetz, M. Sapienza, T. Cavallari, P. H. Torr, and D. W. Murray, InfiniTAM v3: A framework for large-scale 3D reconstruction with loop closure, *ArXiv Preprint ArXiv:1708.00783*, 2017. 58

[162] S. Golodetz, T. Cavallari, N. A. Lord, V. A. Prisacariu, D. W. Murray, and P. H. Torr, Collaborative large-scale dense 3D reconstruction with online inter-agent pose optimisation, *IEEE Transactions on Visualization and Computer Graphics*, 24(11):2895–2905, 2018. DOI: 10.1109/tvcg.2018.2868533. 58

[163] M. Pérez-Patricio and A. Aguilar-González, FPGA implementation of an efficient similarity-based adaptive window algorithm for real-time stereo matching, *Journal of Real-Time Image Processing*, 16(2):271–287, 2019. DOI: 10.1007/s11554-015-0530-6. 58

[164] D.-W. Yang, L.-C. Chu, C.-W. Chen, J. Wang, and M.-D. Shieh, Depth-reliability-based stereo-matching algorithm and its VLSI architecture design, *IEEE Transactions on Circuits and Systems for Video Technology*, 25(6):1038–1050, 2014. DOI: 10.1109/tcsvt.2014.2361419. 58

[165] A. Aguilar-González and M. Arias-Estrada, An FPGA stereo matching processor based on the sum of hamming distances, *International Symposium on Applied Reconfigurable Computing*, pages 66–77, Springer, 2016. DOI: 10.1007/978-3-319-30481-6_6. 58

[166] M. Pérez-Patricio, A. Aguilar-González, M. Arias-Estrada, H.-R. Hernandez-de Leon, J.-L. Camas-Anzueto, and J. de Jesús Osuna-Coutiño, An FPGA stereo matching unit based on fuzzy logic, *Microprocessors and Microsystems*, 42:87–99, 2016. DOI: 10.1016/j.micpro.2015.10.011. 58

[167] G. Cocorullo, P. Corsonello, F. Frustaci, and S. Perri, An efficient hardware-oriented stereo matching algorithm, *Microprocessors and Microsystems*, 46:21–33, 2016. DOI: 10.1016/j.micpro.2016.09.010. 58

[168] P. M. Santos, J. C. Ferreira, and J. S. Matos, Scalable hardware architecture for disparity map computation and object location in real-time, *Journal of Real-Time Image Processing*, 11(3):473–485, 2016. DOI: 10.1007/s11554-013-0338-1. 58

[169] K. M. Ali, R. B. Atitallah, N. Fakhfakh, and J.-L. Dekeyser, Exploring HLS optimizations for efficient stereo matching hardware implementation, *International Symposium on Applied Reconfigurable Computing*, pages 168–176, Springer, 2017. DOI: 10.1007/978-3-319-56258-2_15. 58

[170] B. McCullagh, Real-time disparity map computation using the cell broadband engine, *Journal of Real-Time Image Processing*, 7(2):87–93, 2012. DOI: 10.1007/s11554-010-0155-8. 58

[171] L. Li, X. Yu, S. Zhang, X. Zhao, and L. Zhang, 3D cost aggregation with multiple minimum spanning trees for stereo matching, *Applied Optics*, 56(12):3411–3420, 2017. DOI: 10.1364/ao.56.003411. 58

[172] D. Zha, X. Jin, and T. Xiang, A real-time global stereo-matching on FPGA, *Microprocessors and Microsystems*, 47:419–428, 2016. DOI: 10.1016/j.micpro.2016.08.005. 58, 62, 71

[173] L. Puglia, M. Vigliar, and G. Raiconi, Real-time low-power FPGA architecture for stereo vision, *IEEE Transactions on Circuits and Systems II: Express Briefs*, 64(11):1307–1311, 2017. DOI: 10.1109/tcsii.2017.2691675. 58, 62, 71

[174] A. Kjær-Nielsen, K. Pauwels, J. B. Jessen, M. Van Hulle, N. Krüger et al., A two-level real-time vision machine combining coarse-and fine-grained parallelism, *Journal of Real-Time Image Processing*, 5(4):291–304, 2010. DOI: 10.1007/s11554-010-0159-4. 58

[175] H. Hirschmuller, Stereo processing by semiglobal matching and mutual information, *IEEE Transactions on Pattern Analysis and Machine Intelligence*, 30(2):328–341, 2007. DOI: 10.1109/tpami.2007.1166. 58

[176] A. Drory, C. Haubold, S. Avidan, and F. A. Hamprecht, Semi-global matching: A principled derivation in terms of message passing, *German Conference on Pattern Recognition*, pages 43–53, Springer, 2014. DOI: 10.1007/978-3-319-11752-2_4. 58

[177] S. K. Gehrig, F. Eberli, and T. Meyer, A real-time low-power stereo vision engine using semi-global matching, *International Conference on Computer Vision Systems*, pages 134–143, Springer, 2009. DOI: 10.1007/978-3-642-04667-4_14. 58, 62

[178] S. Wong, S. Vassiliadis, and S. Cotofana, A sum of absolute differences implementation in FPGA hardware, *Proc 28th Euromicro Conference, IEEE*, pages 183–188, 2002. DOI: 10.1109/eurmic.2002.1046155. 59

[179] M. Hisham, S. N. Yaakob, R. A. Raof, A. A. Nazren, and N. W. Embedded, Template matching using sum of squared difference and normalized cross correlation, *IEEE Student Conference on Research and Development (SCOReD), IEEE*, pages 100–104, 2015. DOI: 10.1109/scored.2015.7449303. 59

[180] J.-C. Yoo and T. H. Han, Fast normalized cross-correlation, *Circuits, Systems and Signal Processing*, 28(6):819, 2009. DOI: 10.1007/s00034-009-9130-7. 59

[181] B. Froba and A. Ernst, Face detection with the modified census transform, *6th IEEE International Conference on Automatic Face and Gesture Recognition, Proceedings*, pages 91–96, 2004. DOI: 10.1109/afgr.2004.1301514. 59

[182] O. Veksler, Fast variable window for stereo correspondence using integral images, *IEEE Computer Society Conference on Computer Vision and Pattern Recognition, Proceedings*, 1:I, 2003. DOI: 10.1109/cvpr.2003.1211403. 59

[183] A. Hosni, M. Bleyer, M. Gelautz, and C. Rhemann, Local stereo matching using geodesic support weights, *16th IEEE International Conference on Image Processing (ICIP)*, pages 2093–2096, 2009. DOI: 10.1109/icip.2009.5414478. 59

[184] O. Stankiewicz, G. Lafruit, and M. Domański, Multiview video: Acquisition, processing, compression, and virtual view rendering, *Academic Press Library in Signal Processing*, 6:3–74, Elsevier, 2018. DOI: 10.1016/b978-0-12-811889-4.00001-4. 60

[185] S. Jin, J. Cho, X. Dai Pham, K. M. Lee, S.-K. Park, M. Kim, and J. W. Jeon, FPGA design and implementation of a real-time stereo vision system, *IEEE Transactions on Circuits and Systems for Video Technology*, 20(1):15–26, 2009. DOI: 10.1109/tcsvt.2009.2026831.

60, 70, 71

[186] L. Zhang, K. Zhang, T. S. Chang, G. Lafruit, G. K. Kuzmanov, and D. Verkest, Real-time high-definition stereo matching on FPGA, *Proc. of the 19th ACM/SIGDA International Symposium on Field Programmable Gate Arrays*, pages 55–64, 2011. DOI: 10.1145/1950413.1950428. 60, 70, 71

[187] D. Honegger, P. Greisen, L. Meier, P. Tanskanen, and M. Pollefeys, Real-time velocity estimation based on optical flow and disparity matching, *IEEE/RSJ International Conference on Intelligent Robots and Systems*, pages 5177–5182, 2012. DOI: 10.1109/iros.2012.6385530. 61, 71

[188] M. Jin and T. Maruyama, Fast and accurate stereo vision system on FPGA, *ACM Transactions on Reconfigurable Technology and Systems (TRETS)*, 7(1):1–24, 2014. DOI: 10.1145/2567659. 61, 70, 71

[189] M. Werner, B. Stabernack, and C. Riechert, Hardware implementation of a full HD real-time disparity estimation algorithm, *IEEE Transactions on Consumer Electronics*, 60(1):66–73, 2014. DOI: 10.1109/tce.2014.6780927. 61

[190] S. Mattoccia and M. Poggi, A passive RGBD sensor for accurate and real-time depth sensing self-contained into an FPGA, *Proc. of the 9th International Conference on Distributed Smart Cameras*, pages 146–151, 2015. DOI: 10.1145/2789116.2789148. 61, 62

[191] V. C. Sekhar, S. Bora, M. Das, P. K. Manchi, S. Josephine, and R. Paily, Design and implementation of blind assistance system using real time stereo vision algorithms, *29th International Conference on VLSI Design and 15th International Conference on Embedded Systems (VLSID), IEEE*, pages 421–426, 2016. DOI: 10.1109/vlsid.2016.11. 61

[192] S. Perri, F. Frustaci, F. Spagnolo, and P. Corsonello, Stereo vision architecture for heterogeneous systems-on-chip, *Journal of Real-Time Image Processing*, 17(2):393–415, 2020. DOI: 10.1007/s11554-018-0782-z. 61

[193] Q. Yang, P. Ji, D. Li, S. Yao, and M. Zhang, Fast stereo matching using adaptive guided filtering, *Image and Vision Computing*, 32(3):202–211, 2014. DOI: 10.1016/j.imavis.2014.01.001. 61

[194] S. Park and H. Jeong, Real-time stereo vision FPGA chip with low error rate, *International Conference on Multimedia and Ubiquitous Engineering (MUE'07), IEEE*, pages 751–756, 2007. DOI: 10.1109/mue.2007.180. 61, 71

[195] S. Sabihuddin, J. Islam, and W. J. MacLean, Dynamic programming approach to high frame-rate stereo correspondence: A pipelined architecture implemented on a field programmable gate array, *Canadian Conference on Electrical and Computer Engineering, IEEE*, page 001 461–001 466, 2008. DOI: 10.1109/ccece.2008.4564784. 61, 71

[196] M. Jin and T. Maruyama, A real-time stereo vision system using a tree-structured dynamic programming on FPGA, *Proc. of the ACM/SIGDA International Symposium on Field Programmable Gate Arrays*, pages 21–24, 2012. DOI: 10.1145/2145694.2145698. 62, 70, 71

[197] R. Kamasaka, Y. Shibata, and K. Oguri, An FPGA-oriented graph cut algorithm for accelerating stereo vision, *International Conference on ReConFigurable Computing and FPGAs (ReConFig), IEEE*, pages 1–6, 2018. DOI: 10.1109/reconfig.2018.8641737. 62

[198] W. Wang, J. Yan, N. Xu, Y. Wang, and F.-H. Hsu, Real-time high-quality stereo vision system in FPGA, *IEEE Transactions on Circuits and Systems for Video Technology*, 25(10):1696–1708, 2015. DOI: 10.1109/tcsvt.2015.2397196. 62, 64, 70, 71

[199] D. Honegger, H. Oleynikova, and M. Pollefeys, Real-time and low latency embedded computer vision hardware based on a combination of FPGA and mobile CPU, *IEEE/RSJ International Conference on Intelligent Robots and Systems*, pages 4930–4935, 2014. DOI: 10.1109/iros.2014.6943263. 62

[200] C. Banz, S. Hesselbarth, H. Flatt, H. Blume, and P. Pirsch, Real-time stereo vision system using semi-global matching disparity estimation: Architecture and FPGA-implementation, *International Conference on Embedded Computer Systems: Architectures, Modeling and Simulation, IEEE*, pages 93–101, 2010. DOI: 10.1109/icsamos.2010.5642077. 62, 70, 71

[201] L. F. Cambuim, J. P. Barbosa, and E. N. Barros, Hardware module for low-resource and real-time stereo vision engine using semi-global matching approach, *Proc. of the 30th Symposium on Integrated Circuits and Systems Design: Chip on the Sands*, pages 53–58, 2017. DOI: 10.1145/3109984.3109992. 63, 71

[202] L. F. Cambuim, L. A. Oliveira, E. N. Barros, and A. P. Ferreira, An FPGA-based real-time occlusion robust stereo vision system using semi-global matching, *Journal of Real-Time Image Processing*, pages 1–22, 2019. DOI: 10.1007/s11554-019-00902-w. 63, 71

[203] O. Rahnama, T. Cavalleri, S. Golodetz, S. Walker, and P. Torr, R3SGM: Real-time raster-respecting semi-global matching for power-constrained systems, *International Conference on Field-Programmable Technology (FPT), IEEE*, pages 102–109, 2018. DOI: 10.1109/fpt.2018.00025. 63, 66, 71

[204] J. Zhao, T. Liang, L. Feng, W. Ding, S. Sinha, W. Zhang, and S. Shen, FP-stereo: Hardware-efficient stereo vision for embedded applications, *ArXiv Preprint ArXiv:2006.03250*, 2020. DOI: 10.1109/fpl50879.2020.00052. 63, 71

[205] D. Hernandez-Juarez, A. Chacón, A. Espinosa, D. Vázquez, J. C. Moure, and A. M. López, Embedded real-time stereo estimation via semi-global matching on the GPU, *Procedia Computer Science*, 80:143–153, 2016. DOI: 10.1016/j.procs.2016.05.305. 63

[206] A. Geiger, M. Roser, and R. Urtasun, Efficient large-scale stereo matching, *Asian Conference on Computer Vision*, pages 25–38, Springer, 2010. DOI: 10.1007/978-3-642-19315-6_3. 63

[207] O. Rahnama, D. Frost, O. Miksik, and P. H. Torr, Real-time dense stereo matching with ELAS on FPGA-accelerated embedded devices, *IEEE Robotics and Automation Letters*, 3(3):2008–2015, 2018. DOI: 10.1109/lra.2018.2800786. 66, 67, 71

[208] O. Rahnama, T. Cavallari, S. Golodetz, A. Tonioni, T. Joy, L. Di Stefano, S. Walker, and P. H. Torr, Real-time highly accurate dense depth on a power budget using an FPGA-CPU hybrid SoC, *IEEE Transactions on Circuits and Systems II: Express Briefs*, 66(5):773–777, 2019. DOI: 10.1109/tcsii.2019.2909169. 66, 71

[209] T. Gao, Z. Wan, Y. Zhang, B. Yu, Y. Zhang, S. Liu, and A. Raychowdhury, iELAS: An ELAS-based energy-efficient accelerator for real-time stereo matching on FPGA platform, *ArXiv Preprint ArXiv:2104.05112*, 2021. 66, 67

[210] D. Scharstein and R. Szeliski, A taxonomy and evaluation of dense two-frame stereo correspondence algorithms, *International Journal of Computer Vision*, 47(1–3):7–42, 2002. DOI: 10.1109/smbv.2001.988771. 68

[211] M. Menze and A. Geiger, Object scene flow for autonomous vehicles, *Conference on Computer Vision and Pattern Recognition (CVPR)*, 2015. 68

[212] H. Hirschmuller and D. Scharstein, Evaluation of cost functions for stereo matching, *IEEE Conference on Computer Vision and Pattern Recognition, IEEE*, pages 1–8, 2007. DOI: 10.1109/cvpr.2007.383248. 68

[213] R. A. Hamzah, H. Ibrahim, and A. H. A. Hassan, Stereo matching algorithm based on illumination control to improve the accuracy, *Image Analysis and Stereology*, 35(1):39–52, 2016. DOI: 10.5566/ias.1369. 68

[214] Y. Shan, Z. Wang, W. Wang, Y. Hao, Y. Wang, K. Tsoi, W. Luk, and H. Yang, FPGA-based memory efficient high resolution stereo vision system for video tolling, *International Conference on Field-Programmable Technology, IEEE*, pages 29–32, 2012. DOI: 10.1109/fpt.2012.6412106. 70

[215] Y. Shan, Y. Hao, W. Wang, Y. Wang, X. Chen, H. Yang, and W. Luk, Hardware acceleration for an accurate stereo vision system using mini-census adaptive support region, *ACM Transactions on Embedded Computing Systems (TECS)*, 13(4):1–24, 2014. DOI: 10.1145/2584659. 70

[216] A. Kelly, *Mobile Robotics: Mathematics, Models, and Methods*, Cambridge University Press, 2013. https://books.google.com/books?id=laxZAQAAQBAJ DOI: 10.1017/cbo9781139381284. 73, 75, 139, 140, 147

[217] G. Dudek and M. Jenkin, *Computational Principles of Mobile Robotics*, Cambridge University Press, 2010. DOI: 10.1017/cbo9780511780929. 73

[218] Z. Li, Y. Chen, L. Gong, L. Liu, D. Sylvester, D. Blaauw, and H.-S. Kim, An 879GOPS 243 mW 80fps VGA fully visual CNN-slam processor for wide-range autonomous exploration, *IEEE International Solid-State Circuits Conference (ISSCC), IEEE*, pages 134–136, 2019. DOI: 10.1109/isscc.2019.8662397. 73, 79, 89

[219] A. Suleiman, Z. Zhang, L. Carlone, S. Karaman, and V. Sze, Navion: A 2 mW fully integrated real-time visual-inertial odometry accelerator for autonomous navigation of nano drones, *IEEE Journal of Solid-State Circuits*, 54(4):1106–1119, 2019. DOI: 10.1109/jssc.2018.2886342. 73, 76, 79, 89

[220] Z. Zhang, A. A. Suleiman, L. Carlone, V. Sze, and S. Karaman, Visual-inertial odometry on chip: An algorithm-and-hardware co-design approach, *Robotics: Science and Systems Online Proceedings*, 2017. DOI: 10.15607/rss.2017.xiii.028. 73, 79, 89

[221] J.-S. Yoon, J.-H. Kim, H.-E. Kim, W.-Y. Lee, S.-H. Kim, K. Chung, J.-S. Park, and L.-S. Kim, A graphics and vision unified processor with 0.89 μw/fps pose estimation engine for augmented reality, *IEEE International Solid-State Circuits Conference (ISSCC), IEEE*, pages 336–337, 2010. DOI: 10.1109/ISSCC.2010.5433907. 73, 89

[222] T. Kos, I. Markezic, and J. Pokrajcic, Effects of multipath reception on GPS positioning performance, *Proc. ELMAR, IEEE*, pages 399–402, 2010. 74

[223] N. El-Sheimy, S. Nassar, and A. Noureldin, Wavelet de-noising for IMU alignment, *IEEE Aerospace and Electronic Systems Magazine*, 19(10):32–39, 2004. DOI: 10.1109/maes.2004.1365016. 74

[224] A. Budiyono, L. Chen, S. Wang, K. McDonald-Maier, and H. Hu, Towards autonomous localization and mapping of AUVs: A survey, *International Journal of Intelligent Unmanned Systems*, 2013. DOI: 10.1108/20496421311330047. 75

[225] D. Gálvez-López and J. D. Tardos, Bags of binary words for fast place recognition in image sequences, *IEEE Transactions on Robotics*, 28(5):1188–1197, 2012. DOI: 10.1109/tro.2012.2197158. 76, 80

[226] R. Mur-Artal and J. D. Tardós, Fast relocalisation and loop closing in key frame-based slam, *IEEE International Conference on Robotics and Automation (ICRA)*, pages 846–853, 2014. DOI: 10.1109/icra.2014.6906953. 76, 80

[227] Dbow2. https://github.com/dorian3d/DBoW2 76

[228] iRobot brings visual mapping and navigation to the roomba 980. https://spectrum.ieee.org/automaton/robotics/home-robots/irobot-brings-visual-mapping-and-navigation-to-the-roomba-980 76

[229] S. J. Julier and J. K. Uhlmann, Unscented filtering and nonlinear estimation, *Proc. of the IEEE*, 92(3):401–422, 2004. DOI: 10.1109/jproc.2003.823141. 76, 80

[230] A. I. Mourikis and S. I. Roumeliotis, A multi-state constraint Kalman filter for vision-aided inertial navigation, *Proc. IEEE International Conference on Robotics and Automation*, pages 3565–3572, 2007. DOI: 10.1109/robot.2007.364024. 76, 80, 88

[231] M. Li and A. I. Mourikis, High-precision, consistent EKF-based visual-inertial odometry, *The International Journal of Robotics Research*, 32(6):690–711, 2013. DOI: 10.1177/0278364913481251. 76

[232] Z. Zhang, S. Liu, G. Tsai, H. Hu, C.-C. Chu, and F. Zheng, PIRVS: An advanced visual-inertial slam system with flexible sensor fusion and hardware co-design, *IEEE International Conference on Robotics and Automation (ICRA)*, pages 1–7, 2018. DOI: 10.1109/icra.2018.8460672. 76, 80, 89

[233] K. Sun, K. Mohta, B. Pfrommer, M. Watterson, S. Liu, Y. Mulgaonkar, C. J. Taylor, and V. Kumar, Robust stereo visual inertial odometry for fast autonomous flight, *IEEE Robotics and Automation Letters*, 3(2):965–972, 2018. DOI: 10.1109/lra.2018.2793349. 76

[234] MSCKF vio. https://github.com/KumarRobotics/msckf_vio 76

[235] Visual inertial fusion. http://rpg.ifi.uzh.ch/docs/teaching/2018/13_visual_inertial_fusion_advanced.pdf#page=33 76

[236] C. Chen, X. Lu, A. Markham, and N. Trigoni, IONet: Learning to cure the curse of drift in inertial odometry, *32nd AAAI Conference on Artificial Intelligence*, 2018. 76

[237] D. Dusha and L. Mejias, Error analysis and attitude observability of a monocular GPS/visual odometry integrated navigation filter, *The International Journal of Robotics Research*, 31(6):714–737, 2012. DOI: 10.1177/0278364911433777. 76

[238] Mark: the world's first 4k drone positioned by visual inertial odometry. https://www.provideocoalition.com/mark-the-worlds-first-4k-drone-positioned-by-visual-inertial-odometry/ 76

[239] R. Hartley and A. Zisserman, *Multiple View Geometry in Computer Vision*, Cambridge University Press, 2003. DOI: 10.1017/cbo9780511811685. 76

[240] SLAMcore. https://www.slamcore.com/ 76

[241] Highly efficient machine learning for hololens. https://www.microsoft.com/en-us/research/uploads/prod/2018/03/Andrew-Fitzgibbon-Fitting-Models-to-Data-Accuracy-Speed-Robustness.pdf 76

[242] T. Qin, P. Li, and S. Shen, VINS-Mono: A robust and versatile monocular visual-inertial state estimator, *IEEE Transactions on Robotics*, 34(4):1004–1020, 2018. DOI: 10.1109/tro.2018.2853729. 76

[243] VINS-Fusion. https://github.com/HKUST-Aerial-Robotics/VINS-Fusion 76, 84

[244] A. Geiger, P. Lenz, and R. Urtasun, Are we ready for autonomous driving? the KITTI vision benchmark suite, *IEEE Conference on Computer Vision and Pattern Recognition*, pages 3354–3361, 2012. DOI: 10.1109/cvpr.2012.6248074. 77, 86

[245] W. Qadeer, R. Hameed, O. Shacham, P. Venkatesan, C. Kozyrakis, and M. A. Horowitz, Convolution engine: Balancing efficiency and flexibility in specialized computing, *Proc. of the 40th IEEE Annual International Symposium on Computer Architecture*, 2013. DOI: 10.1145/2735841. 79

[246] Y. Feng, P. Whatmough, and Y. Zhu, ASV: Accelerated stereo vision system, *Proc. of the 52nd Annual IEEE/ACM International Symposium on Microarchitecture*, pages 643–656, 2019. DOI: 10.1145/3352460.3358253. 79, 139, 148

[247] E. Rosten and T. Drummond, Machine learning for high-speed corner detection, *European Conference on Computer Vision*, pages 430–443, Springer, 2006. DOI: 10.1007/11744023_34. 79

[248] M. Jakubowski and G. Pastuszak, Block-based motion estimation algorithms—a survey, *Opto-Electronics Review*, 21(1):86–102, 2013. DOI: 10.2478/s11772-013-0071-0. 79

[249] M. Calonder, V. Lepetit, C. Strecha, and P. Fua, Brief: Binary robust independent elementary features, *European Conference on Computer Vision*, pages 778–792, Springer, 2010. DOI: 10.1007/978-3-642-15561-1_56. 79, 153

[250] J. J. Moré, The Levenberg–Marquardt algorithm: Implementation and theory, *Numerical Analysis*, pages 105–116, Springer, 1978. DOI: 10.1007/bfb0067700. 80

[251] Ceres users. http://ceres-solver.org/users.html 80

[252] Vertex-7 datasheet. https://www.xilinx.com/support/documentation/data_sheets/ds180_7Series_Overview.pdf 85

[253] Xilinx, Zynq-7000 All Programmable SoC, http://www.xilinx.com/products/silicon-devices/soc/zynq-7000/ 2012. 86

[254] Tx1 datasheet. http://images.nvidia.com/content/tegra/embedded-systems/pdf/JTX1-Module-Product-sheet.pdf 86

[255] M. Burri, J. Nikolic, P. Gohl, T. Schneider, J. Rehder, S. Omari, M. W. Achtelik, and R. Siegwart, The EuRoC micro aerial vehicle datasets, *The International Journal of Robotics Research*, 35(10):1157–1163, 2016. DOI: 10.1177/0278364915620033. 86

[256] R. Mur-Artal and J. D. Tardós, ORB-SLAM2: An open-source slam system for monocular, stereo, and RGB-D cameras, *IEEE Transactions on Robotics*, 33(5):1255–1262, 2017. DOI: 10.1109/tro.2017.2705103. 88

[257] J. Engel, T. Schöps, and D. Cremers, LSD-SLAM: Large-scale direct monocular SLAM, *European Conference on Computer Vision*, pages 834–849, Springer, 2014. DOI: 10.1007/978-3-319-10605-2_54. 88

[258] A. Pumarola, A. Vakhitov, A. Agudo, A. Sanfeliu, and F. Moreno-Noguer, PL-SLAM: Real-time monocular visual SLAM with points and lines, *IEEE International Conference on Robotics and Automation (ICRA)*, pages 4503–4508, 2017. DOI: 10.1109/icra.2017.7989522. 88

[259] L. Marchetti, G. Grisetti, and L. Iocchi, A comparative analysis of particle filter based localization methods, *Robot Soccer World Cup*, pages 442–449, Springer, 2006. DOI: 10.1007/978-3-540-74024-7_44. 88

[260] L. Jetto, S. Longhi, and G. Venturini, Development and experimental validation of an adaptive extended Kalman filter for the localization of mobile robots, *IEEE Transactions on Robotics and Automation*, 15(2):219–229, 1999. DOI: 10.1109/70.760343. 88

[261] G. Mao, S. Drake, and B. D. Anderson, Design of an extended Kalman filter for UAV localization, *Information, Decision and Control, IEEE*, pages 224–229, 2007. DOI: 10.1109/idc.2007.374554. 88

[262] R. Mur-Artal, J. M. M. Montiel, and J. D. Tardos, ORB-SLAM: A versatile and accurate monocular SLAM system, *IEEE Transactions on Robotics*, 31(5):1147–1163, 2015. DOI: 10.1109/tro.2015.2463671. 88

[263] W. Fang, Y. Zhang, B. Yu, and S. Liu, FPGA-based ORB feature extraction for real-time visual slam, *International Conference on Field Programmable Technology (ICFPT), IEEE*, pages 275–278, 2017. DOI: 10.1109/fpt.2017.8280159. 89, 134

[264] Q. Gautier, A. Althoff, and R. Kastner, FPGA architectures for real-time dense SLAM, *IEEE 30th International Conference on Application-Specific Systems, Architectures and Processors (ASAP)*, 2160:83–90, 2019. DOI: 10.1109/asap.2019.00-25. 89

[265] K. Boikos and C.-S. Bouganis, Semi-dense slam on an FPGA SoC, *26th International Conference on Field Programmable Logic and Applications (FPL), IEEE*, pages 1–4, 2016. DOI: 10.1109/fpl.2016.7577365. 89

[266] D. T. Tertei, J. Piat, and M. Devy, FPGA design of EKF block accelerator for 3D visual SLAM, *Computers and Electrical Engineering*, 55:123–137, 2016. DOI: 10.1016/j.compeleceng.2016.05.003. 89

[267] S. Karaman and E. Frazzoli, Sampling-based algorithms for optimal motion planning, *The International Journal of Robotics Research*, 30(7):846–894, 2011. DOI: 10.1177/0278364911406761. 91, 92, 94

[268] J. D. Gammell, S. S. Srinivasa, and T. D. Barfoot, Batch informed trees (bit*): Sampling-based optimal planning via the heuristically guided search ofimplicit random geometric graphs, *IEEE International Conference on Robotics and Automation (ICRA)*, pages 3067–3074, 2015. DOI: 10.1109/icra.2015.7139620. 91

[269] K. Hauser, Lazy collision checking in asymptotically-optimal motion planning, *IEEE International Conference on Robotics and Automation (ICRA)*, pages 2951–2957, 2015. DOI: 10.1109/icra.2015.7139603. 91

[270] J. Pan, C. Lauterbach, and D. Manocha, g-Planner: Real-time motion planning and global navigation using GPUs, *AAAI*, 2010. 91, 95, 96

[271] J. Pan and D. Manocha, GPU-based parallel collision detection for fast motion planning, *The International Journal of Robotics Research*, 31(2):187–200, 2012. DOI: 10.1177/0278364911429335. 91, 95, 96

[272] S. Murray, W. Floyd-Jones, Y. Qi, D. J. Sorin, and G. Konidaris, Robot motion planning on a chip, *Robotics: Science and Systems*, 2016. DOI: 10.15607/rss.2016.xii.004. 91, 97, 98, 99, 100, 103, 104, 105

[273] S. Murray, W. Floyd-Jones, G. Konidaris, and D. J. Sorin, A programmable architecture for robot motion planning acceleration, *IEEE 30th International Conference on Application-specific Systems, Architectures and Processors (ASAP)*, 2160:185–188, 2019. DOI: 10.1109/asap.2019.000-4. 91, 97, 99, 100, 103, 104, 105, 106

[274] J. H. Reif, Complexity of the mover's problem and generalizations, *20th Annual Symposium on Foundations of Computer Science (SFCS), IEEE*, pages 421–427, 1979. DOI: 10.1109/sfcs.1979.10. 92

[275] J. Barraquand, L. Kavraki, J.-C. Latombe, R. Motwani, T.-Y. Li, and P. Raghavan, A random sampling scheme for path planning, *The International Journal of Robotics Research*, 16(6):759–774, 1997. DOI: 10.1177/027836499701600604. 92

[276] R. Bohlin and L. E. Kavraki, Path planning using lazy PRM, *Proc. ICRA, Millennium Conference, IEEE International Conference on Robotics and Automation, Symposia Proceedings (Cat. no. 00CH37065)*, 1:521–528, 2000. DOI: 10.1109/robot.2000.844107. 93

[277] A. Short, Z. Pan, N. Larkin, and S. Van Duin, Recent progress on sampling based dynamic motion planning algorithms, *IEEE International Conference on Advanced Intelligent Mechatronics (AIM)*, pages 1305–1311, 2016. DOI: 10.1109/aim.2016.7576950. 94

[278] J. J. Kuffner and S. M. LaValle, RRT-connect: An efficient approach to single-query path planning, *Proc. ICRA, Millennium Conference, IEEE International Conference on Robotics and Automation, Symposia Proceedings (Cat. no. 00CH37065)*, 2:995–1001, 2000. DOI: 10.1109/robot.2000.844730. 94

[279] D. Hsu, J.-C. Latombe, and R. Motwani, Path planning in expansive configuration spaces, *Proc. of International Conference on Robotics and Automation, IEEE*, 3:2719–2726, 1997. DOI: 10.1109/robot.1997.619371. 94

[280] E. Plaku, K. E. Bekris, B. Y. Chen, A. M. Ladd, and L. E. Kavraki, Sampling-based roadmap of trees for parallel motion planning, *IEEE Transactions on Robotics*, 21(4):597–608, 2005. DOI: 10.1109/tro.2005.847599. 94

[281] J. Bialkowski, S. Karaman, and E. Frazzoli, Massively parallelizing the RRT and the RRT, *IEEE/RSJ International Conference on Intelligent Robots and Systems*, pages 3513–3518, 2011. DOI: 10.1109/IROS.2011.6095053. 94, 95

[282] N. Atay and B. Bayazit, A motion planning processor on reconfigurable hardware, *Proc. IEEE International Conference on Robotics and Automation, ICRA*, pages 125–132, 2006. DOI: 10.1109/robot.2006.1641172. 97

[283] S. Lian, Y. Han, X. Chen, Y. Wang, and H. Xiao, Dadu-P: A scalable accelerator for robot motion planning in a dynamic environment, *55th ACM/ESDA/IEEE Design Automation Conference (DAC)*, pages 1–6, 2018. DOI: 10.1109/dac.2018.8465785. 97, 100, 101, 103, 104, 105

[284] Y. Yang, X. Chen, and Y. Han, Dadu-CD: Fast and efficient processing-in-memory accelerator for collision detection, *57th ACM/IEEE Design Automation Conference (DAC)*, pages 1–6, 2020. DOI: 10.1109/dac18072.2020.9218709. 97, 102, 103, 104, 105

[285] S. Murray, W. Floyd-Jones, Y. Qi, G. Konidaris, and D. J. Sorin, The microarchitecture of a real-time robot motion planning accelerator, *49th Annual IEEE/ACM International Symposium on Microarchitecture (MICRO)*, pages 1–12, 2016. DOI: 10.1109/micro.2016.7783748. 98, 99, 100, 147, 148

[286] Y. Han, Y. Yang, X. Chen, and S. Lian, Dadu series-fast and efficient robot accelerators, *IEEE/ACM International Conference on Computer Aided Design (ICCAD)*, pages 1–8, 2020. DOI: 10.1145/3400302.3415759. 101

[287] S. Ghose, A. Boroumand, J. S. Kim, J. Gómez-Luna, and O. Mutlu, Processing-in-memory: A workload-driven perspective, *IBM Journal of Research and Development*, 63(6):3–1, 2019. DOI: 10.1147/jrd.2019.2934048. 102

[288] V. Sze, Y.-H. Chen, T.-J. Yang, and J. S. Emer, Efficient processing of deep neural networks, *Synthesis Lectures on Computer Architecture*, 15(2):1–341, 2020. DOI: 10.2200/s01004ed1v01y202004cac050. 102

[289] E. W. Dijkstra et al., A note on two problems in connexion with graphs, *Numerische Mathematik*, 1(1):269–271, 1959. DOI: 10.1007/bf01386390. 106

[290] R. Bellman, On a routing problem, *Quarterly of Applied Mathematics*, 16(1):87–90, 1958. DOI: 10.1090/qam/102435. 106

[291] R. W. Floyd, Algorithm 97: Shortest path, *Communications of the ACM*, 5(6):345, 1962. DOI: 10.1145/367766.368168. 106

[292] Y. Takei, M. Hariyama, and M. Kameyama, Evaluation of an FPGA-based shortest-path-search accelerator, *Proc. of the International Conference on Parallel and Distributed Processing Techniques and Applications (PDPTA). The Steering Committee of The World Congress in Computer Science, Computer Engineering and Applied Computing (WorldComp)*, page 613, 2015. 106, 107

[293] G. Lei, Y. Dou, R. Li, and F. Xia, An FPGA implementation for solving the large single-source-shortest-path problem, *IEEE Transactions on Circuits and Systems II: Express Briefs*, 63(5):473–477, 2015. DOI: 10.1109/tcsii.2015.2505998. 106, 108

[294] P. Harish and P. Narayanan, Accelerating large graph algorithms on the GPU using cuda, *International Conference on High-Performance Computing*, pages 197–208, Springer, 2007.

DOI: 10.1007/978-3-540-77220-0_21. 106

[295] G. J. Katz and J. T. Kider, All-pairs shortest-paths for large graphs on the GPU, *Proc. of the 23rd ACM SIGGRAPH/Eurographics Symposium on Graphics Hardware*, 2008. 106

[296] G. Malewicz, M. H. Austern, A. J. Bik, J. C. Dehnert, I. Horn, N. Leiser, and G. Czajkowski, Pregel: A system for large-scale graph processing, *Proc. of the ACM SIGMOD International Conference on Management of data*, pages 135–146, 2010. DOI: 10.1145/1807167.1807184. 106

[297] K. Sridharan, T. Priya, and P. R. Kumar, Hardware architecture for finding shortest paths, *TENCON IEEE Region 10 Conference*, pages 1–5, 2009. DOI: 10.1109/tencon.2009.5396155. 106

[298] S. Zhou, C. Chelmis, and V. K. Prasanna, Accelerating large-scale single-source shortest path on FPGA, *IEEE International Parallel and Distributed Processing Symposium Workshop*, pages 129–136, 2015. DOI: 10.1109/ipdpsw.2015.130. 107

[299] U. Bondhugula, A. Devulapalli, J. Dinan, J. Fernando, P. Wyckoff, E. Stahlberg, and P. Sadayappan, Hardware/software integration for FPGA-based all-pairs shortest-paths, *14th Annual IEEE Symposium on Field-Programmable Custom Computing Machines*, pages 152–164, 2006. DOI: 10.1109/fccm.2006.48. 107

[300] S. Hougardy, The Floyd–Warshall algorithm on graphs with negative cycles, *Information Processing Letters*, 110(8–9):279–281, 2010. DOI: 10.1016/j.ipl.2010.02.001. 107

[301] S. Liu, B. Yu, J. Tang, and Q. Zhu, Towards fully intelligent transportation through infrastructure-vehicle cooperative autonomous driving: Challenges and opportunities, *ArXiv Preprint ArXiv:2103.02176*, 2021. 109

[302] M. Corah, C. O'Meadhra, K. Goel, and N. Michael, Communication-efficient planning and mapping for multi-robot exploration in large environments, *IEEE Robotics and Automation Letters*, 4(2):1715–1721, 2019. DOI: 10.1109/lra.2019.2897368. 109

[303] H. G. Tanner and A. Kumar, Towards decentralization of multi-robot navigation functions, *ICRA, IEEE*, pages 4132–4137, 2005. DOI: 10.1109/robot.2005.1570754. 109

[304] J. L. Baxter, E. Burke, J. M. Garibaldi, and M. Norman, Multi-robot search and rescue: A potential field based approach, *Autonomous Robots and Agents*, pages 9–16, Springer, 2007. DOI: 10.1007/978-3-540-73424-6_2. 109

[305] T. Cieslewski, S. Choudhary, and D. Scaramuzza, Data-efficient decentralized visual SLAM, *ICRA, IEEE*, pages 2466–2473, 2018. DOI: 10.1109/icra.2018.8461155. 109, 128

[306] B.-J. Ho, P. Sodhi, P. Teixeira, M. Hsiao, T. Kusnur, and M. Kaess, Virtual occupancy grid map for submap-based pose graph slam and planning in 3D environments, *IEEE/RSJ International Conference on Intelligent Robots and Systems (IROS)*, pages 2175–2182, 2018. DOI: 10.1109/iros.2018.8594234. 109

[307] P. Sodhi, B.-J. Ho, and M. Kaess, Online and consistent occupancy grid mapping for planning in unknown environments, *IEEE/RSJ International Conference on Intelligent Robots and Systems (IROS)*, pages 7879–7886, 2019. DOI: 10.1109/iros40897.2019.8967991. 109

[308] S. Choudhary, L. Carlone, C. Nieto, J. Rogers, H. I. Christensen, and F. Dellaert, Distributed mapping with privacy and communication constraints: Lightweight algorithms and object-based models, *The International Journal of Robotics Research*, 36:1286–1311, 2017. DOI: 10.1177/0278364917732640. 109, 128

[309] C. Wu, S. Agarwal, B. Curless, and S. M. Seitz, Multicore bundle adjustment, *CVPR, IEEE*, pages 3057–3064, 2011. DOI: 10.1109/cvpr.2011.5995552. 110

[310] UltraScale MPSoC Architecture, 2019. https://www.xilinx.com/products/technology/ultrascale-mpsoc.html 110, 127

[311] D. DeTone, T. Malisiewicz, and A. Rabinovich, SuperPoint: Self-supervised interest point detection and description, *Proc. of the IEEE Conference on Computer Vision and Pattern Recognition Workshops*, pages 224–236, 2018. DOI: 10.1109/cvprw.2018.00060. 110, 111, 115, 128

[312] E. Simo-Serra, E. Trulls, L. Ferraz, I. Kokkinos, P. Fua, and F. Moreno-Noguer, Discriminative learning of deep convolutional feature point descriptors, *Proc. of the IEEE International Conference on Computer Vision*, pages 118–126, 2015. DOI: 10.1109/iccv.2015.22. 110

[313] K. M. Yi, E. Trulls, V. Lepetit, and P. Fua, Lift: Learned invariant feature transform, *ECCV*, pages 467–483, Springer, 2016. DOI: 10.1007/978-3-319-46466-4_28. 110

[314] R. Arandjelovic, P. Gronat, A. Torii, T. Pajdla, and J. Sivic, NetVLAD: CNN architecture for weakly supervised place recognition, *Proc. of the IEEE Conference on Computer Vision and Pattern Recognition*, pages 5297–5307, 2016. DOI: 10.1109/cvpr.2016.572. 110

[315] R. Mur-Artal and J. D. Tards, ORB-SLAM2: An open-source SLAM system for monocular, stereo, and RGB-D cameras, *IEEE Transactions on Robotics*, 33:1255–1262, 2016. DOI: 10.1109/tro.2017.2705103. 110

[316] J. Long, E. Shelhamer, and T. Darrell, Fully convolutional networks for semantic segmentation, *CVPR*, pages 3431–3440, 2015. DOI: 10.1109/cvpr.2015.7298965. 111

[317] S. Ren, K. He, R. Girshick, and J. Sun, Faster R-CNN: Towards real-time object detection with region proposal networks, *Advances in Neural Information Processing Systems*, pages 91–99, 2015. DOI: 10.1109/tpami.2016.2577031. 111

[318] J. Yu, G. Ge, Y. Hu, X. Ning, J. Qiu, K. Guo, Y. Wang, and H. Yang, Instruction driven cross-layer CNN accelerator for fast detection on FPGA, *ACM Transactions on Reconfig-*

urable Technology and Systems (TRETS), 11(3):1–23, 2018. DOI: 10.1145/3283452. 111, 115, 117

[319] H. Li, X. Fan, L. Jiao, W. Cao, X. Zhou, and L. Wang, A high performance FPGA-based accelerator for large-scale convolutional neural networks, *FPL, IEEE*, pages 1–9, 2016. DOI: 10.1109/fpl.2016.7577308. 111

[320] L. Lu, Y. Liang, Q. Xiao, and S. Yan, Evaluating fast algorithms for convolutional neural networks on FPGAs, *FCCM*, pages 101–108, 2017. DOI: 10.1109/fccm.2017.64. 111

[321] Xilinx Zynq UltraScale+ MPSoC ZCU102 Evaluation Kit, 2019. https://www.xilinx.com/products/boards-and-kits/ek-u1-zcu102-g.html 111, 127

[322] M. Mohanan and A. Salgoankar, A survey of robotic motion planning in dynamic environments, *Robotics and Autonomous Systems*, 100:171–185, 2018. DOI: 10.1016/j.robot.2017.10.011. 112

[323] R. Ramsauer, J. Kiszka, D. Lohmann, and W. Mauerer, Look mum, no VM exits! (almost), *CoRR*. http://arxiv.org/abs/1705.06932 112

[324] D. Jen and A. Lotan, Processor interrupt system, January 29 1974, U.S. Patent 3,789,365. 112

[325] DNNDK User Guide—Xilinx, 2019. https://www.xilinx.com/support/documentation/user_guides/ug1327-dnndk-user-guide.pdf 115, 117

[326] Softmax function—Wikipedia, 2019. https://en.wikipedia.org/wiki/Softmax_function 115

[327] Norm (mathematics)—Wikipedia, 2019. https://en.wikipedia.org/wiki/Norm_(mathematics)#Euclidean_norm 115

[328] A. Neubeck and L. J. V. Gool, Efficient non-maximum suppression, *International Conference on Pattern Recognition*, 2006. DOI: 10.1109/icpr.2006.479. 115

[329] R. Banakar, S. Steinke, B. S. Lee, M. Balakrishnan, and P. Marwedel, Scratchpad memory: A design alternative for cache on-chip memory in embedded systems, *CODES*, 2002. DOI: 10.1109/codes.2002.1003604. 115

[330] S. B. Furber, *ARM System-on-Chip Architecture*, Pearson Education, 2000. 119

[331] S. Shah, D. Dey, C. Lovett, and A. Kapoor, AirSim: High-fidelity visual and physical simulation for autonomous vehicles, *Field and Service Robotics*, pages 621–635, Springer, 2018. DOI: 10.1007/978-3-319-67361-5_40. 127, 131

[332] V. Lepetit, F. Moreno-Noguer, and P. Fua, EPnP: An accurate O(n) solution to the PnP problem, *International Journal of Computer Vision*, 81(2):155–166, 2009. DOI: 10.1007/s11263-008-0152-6. 128

[333] A. Santos, N. McGuckin, H. Y. Nakamoto, D. Gray, S. Liss et al., Summary of travel trends: 2009 national household travel survey, United States, Federal Highway Administration, *Tech. Rep.*, 2011. 133

[334] S. Liu, *Engineering Autonomous Vehicles and Robots: The DragonFly Modular-Based Approach*, John Wiley & Sons, 2020. DOI: 10.1002/9781119570516. 133

[335] L. Liu, J. Tang, S. Liu, B. Yu, J.-L. Gaudiot, and Y. Xie, π-RT: A runtime framework to enable energy-efficient real-time robotic vision applications on heterogeneous architectures, *Computer*, 54, 2021. DOI: 10.1109/mc.2020.3015950. 133

[336] W. Fang, Y. Zhang, B. Yu, and S. Liu, Dragonfly+: FPGA-based quad-camera visual slam system for autonomous vehicles, *Proc. IEEE HotChips*, page 1, 2018. 134

[337] Q. Liu, S. Qin, B. Yu, J. Tang, and S. Liu, π-BA: Bundle adjustment hardware accelerator based on distribution of 3D-point observations, *IEEE Transactions on Computers*, 2020. DOI: 10.1109/tc.2020.2984611. 134

[338] J. Tang, B. Yu, S. Liu, Z. Zhang, W. Fang, and Y. Zhang, π-SoC: Heterogeneous SoC architecture for visual inertial SLAM applications, *IEEE/RSJ International Conference on Intelligent Robots and Systems (IROS)*, pages 8302–8307, 2018. DOI: 10.1109/iros.2018.8594181. 134, 141

[339] B. Yu, W. Hu, L. Xu, J. Tang, S. Liu, and Y. Zhu, Building the computing system for autonomous micromobility vehicles: Design constraints and architectural optimizations, *53rd Annual IEEE/ACM International Symposium on Microarchitecture (MICRO)*, pages 1067–1081, 2020. DOI: 10.1109/micro50266.2020.00089. 134

[340] Y. Gan, B. Yu, B. Tian, L. Xu, W. Hu, J. Tang, S. Liu, and Y. Zhu, Eudoxus: Characterizing and accelerating localization in autonomous machines, *IEEE International Symposium on High Performance Computer Architecture (HPCA)*, 2021. DOI: 10.1109/hpca51647.2021.00074. 134

[341] Z. Wan, Y. Zhang, A. Raychowdhury, B. Yu, Y. Zhang, and S. Liu, An energy-efficient quad-camera visual system for autonomous machines on FPGA platform, *ArXiv Preprint ArXiv:2104.00192*, 2021. 134

[342] National Highway Traffic Safety Administration, Preliminary statement of policy concerning automated vehicles, national highway traffic safety administration and others, pages 1–14, Washington, DC, 2013. 134

[343] LiDAR Specification Comparison. https://autonomoustuff.com/wp-content/uploads/2018/04/LiDAR_Comparison.pdf 137

[344] E. Kim, J. Lee, and K. G. Shin, Real-time prediction of battery power requirements for electric vehicles, *ACM/IEEE International Conference on Cyber-Physical Systems (ICCPS)*, pages 11–20, 2013. DOI: 10.1145/2502524.2502527. 137

[345] L. A. Barroso, U. Hölzle, and P. Ranganathan, The datacenter as a computer: Designing warehouse-scale machines, *Synthesis Lectures on Computer Architecture*, 13(3):i–189, 2018. DOI: 10.2200/s00874ed3v01y201809cac046. 138

[346] What it really costs to turn a car into a self-driving vehicle. https://qz.com/924212/what-it-really-costs-to-turn-a-car-into-a-self-driving-vehicle/ 138

[347] J. Jiao, Machine learning assisted high-definition map creation, *IEEE 42nd Annual Computer Software and Applications Conference (COMPSAC)*, 1:367–373, 2018. DOI: 10.1109/compsac.2018.00058. 138

[348] S. A. Mohamed, M.-H. Haghbayan, T. Westerlund, J. Heikkonen, H. Tenhunen, and J. Plosila, A survey on odometry for autonomous navigation systems, *IEEE Access*, 7:97 466–97 486, 2019. DOI: 10.1109/access.2019.2929133. 139

[349] M. Bloesch, S. Omari, M. Hutter, and R. Siegwart, Robust visual inertial odometry using a direct EKF-based approach, *IEEE/RSJ International Conference on Intelligent Robots and Systems (IROS)*, pages 298–304, 2015. DOI: 10.1109/iros.2015.7353389. 139

[350] D. Scharstein, R. Szeliski, and R. Zabih, A taxonomy and evaluation of dense two-frame stereo correspondence algorithms, *Proc. of 1st IEEE Workshop on Stereo and Multi-Baseline Vision*, 2001. DOI: 10.1109/smbv.2001.988771. 139

[351] M. Z. Brown, D. Burschka, and G. D. Hager, Advances in Computational Stereo, 2003. DOI: 10.1109/tpami.2003.1217603. 139

[352] A. Geiger, M. Roser, and R. Urtasun, Efficient large-scale stereo matching, *Proc. of the 10th Asian Conference on Computer Vision*, 2010. DOI: 10.1007/978-3-642-19315-6_3. 139

[353] J. F. Henriques, R. Caseiro, P. Martins, and J. Batista, High-speed tracking with kernelized correlation filters, *IEEE Transactions on Pattern Analysis and Machine Intelligence*, 37(3):583–596, 2014. DOI: 10.1109/tpami.2014.2345390. 139, 140

[354] J. Redmon, S. Divvala, R. Girshick, and A. Farhadi, You only look once: Unified, real-time object detection, *Proc. of the IEEE Conference on Computer Vision and Pattern Recognition*, pages 779–788, 2016. DOI: 10.1109/cvpr.2016.91. 139

[355] K. He, G. Gkioxari, P. Dollár, and R. Girshick, Mask R-CNN, *Proc. of the IEEE International Conference on Computer Vision*, pages 2961–2969, 2017. DOI: 10.1109/iccv.2017.322. 139

[356] Snapdragon Mobile Platform. https://www.qualcomm.com/snapdragon 140

[357] NVIDIA Tegra. https://www.nvidia.com/object/tegra-features.html 140

[358] G. Loianno, C. Brunner, G. McGrath, and V. Kumar, Estimation, control, and planning for aggressive flight with a small quadrotor with a single camera and IMU, *IEEE Robotics and Automation Letters*, 2(2):404–411, 2016. DOI: 10.1109/lra.2016.2633290. 140

[359] L. Liu, S. Liu, Z. Zhang, B. Yu, J. Tang, and Y. Xie, PIRT: A runtime framework to enable energy-efficient real-time robotic applications on heterogeneous architectures, *ArXiv Preprint ArXiv:1802.08359*, 2018. 140

[360] N. de Palézieux, T. Nägeli, and O. Hilliges, Duo-VIO: Fast, light-weight, stereo inertial odometry, *IEEE/RSJ International Conference on Intelligent Robots and Systems (IROS)*, pages 2237–2242, 2016. DOI: 10.1109/iros.2016.7759350. 140

[361] NVIDIA Jetson TX2 Module. https://www.nvidia.com/en-us/autonomous-machines/embedded-systems-dev-kits-modules/ 140

[362] P. Yedlapalli, N. C. Nachiappan, N. Soundararajan, A. Sivasubramaniam, M. T. Kandemir, and C. R. Das, Short-circuiting memory traffic in handheld platforms, *47th Annual IEEE/ACM International Symposium on Microarchitecture*, pages 166–177, 2014. DOI: 10.1109/micro.2014.60. 141

[363] N. C. Nachiappan, H. Zhang, J. Ryoo, N. Soundararajan, A. Sivasubramaniam, M. T. Kandemir, R. Iyer, and C. R. Das, VIP: Virtualizing IP chains on handheld platforms, *Proc. of ISCA*, 2015. DOI: 10.1145/2749469.2750382. 141

[364] NXP ADAS and Highly Automated Driving Solutions for Automotive. https://www.nxp.com/applications/solutions/automotive/adas-and-highly-automated-driving:ADAS--AND-AUTONOMOUS-DRIVING 141

[365] Intel MobilEye Autonomous Driving Solutions. https://www.mobileye.com/ 141

[366] Nvidia AI. https://www.nvidia.com/en-us/deep-learning-ai/ 141

[367] MIPI Camera Serial Interface 2 (MIPI CSI-2). https://www.mipi.org/specifications/csi-2 143

[368] Regulus ISP. https://www.xilinx.com/products/intellectual-property/1-r6gz2f.html 143

[369] J. Sacks, D. Mahajan, R. C. Lawson, and H. Esmaeilzadeh, Robox: An end-to-end solution to accelerate autonomous control in robotics, *Proc. of the 45th Annual International Symposium on Computer Architecture*, pages 479–490, IEEE Press, 2018. DOI: 10.1109/isca.2018.00047. 147, 148

[370] H. Fan, F. Zhu, C. Liu, L. Zhang, L. Zhuang, D. Li, W. Zhu, J. Hu, H. Li, and Q. Kong, Baidu apollo EM motion planner, *ArXiv Preprint ArXiv:1807.08048*, 2018. 147

[371] A. Suleiman, Z. Zhang, L. Carlone, S. Karaman, and V. Sze, Navion: A fully integrated energy-efficient visual-inertial odometry accelerator for autonomous navigation of nano drones, *IEEE Symposium on VLSI Circuits*, pages 133–134, 2018. DOI: 10.1109/vlsic.2018.8502279. 148

[372] J. Zhang and S. Singh, Visual-lidar odometry and mapping: Low-drift, robust, and fast, *IEEE International Conference on Robotics and Automation (ICRA)*, pages 2174–2181, 2015. DOI: 10.1109/icra.2015.7139486. 148

[373] N. P. Jouppi, C. Young, N. Patil, D. Patterson, G. Agrawal, R. Bajwa, S. Bates, S. Bhatia, N. Boden, and A. Borchers, In-datacenter performance analysis of a tensor processing unit, *ArXiv Preprint ArXiv:1704.04760 (published in ACM ISCA)*, 2017. 148

[374] Y.-H. Chen, J. Emer, and V. Sze, Eyeriss: A spatial architecture for energy-efficient dataflow for convolutional neural networks, *ACM SIGARCH Computer Architecture News*, 44(3):367–379, IEEE Press, 2016. DOI: 10.1145/3007787.3001177. 148

[375] Y. Chen, T. Luo, S. Liu, S. Zhang, L. He, J. Wang, L. Li, T. Chen, Z. Xu, N. Sun, and O. Temam, Dadiannao: A machine-learning supercomputer, *Proc. of the 47th Annual IEEE/ACM International Symposium on Microarchitecture, IEEE Computer Society*, pages 609–622, 2014. DOI: 10.1109/micro.2014.58. 148

[376] A. Parashar, M. Rhu, A. Mukkara, A. Puglielli, R. Venkatesan, B. Khailany, J. Emer, S. W. Keckler, and W. J. Dally, SCNN: An accelerator for compressed-sparse convolutional neural networks, *Proc. of the 44th Annual International Symposium on Computer Architecture, ACM*, pages 27–40, 2017. DOI: 10.1145/3079856.3080254. 148

[377] P. Chi, S. Li, C. Xu, T. Zhang, J. Zhao, Y. Liu, Y. Wang, and Y. Xie, Prime: A novel processing-in-memory architecture for neural network computation in ReRAM-based main memory, *ACM SIGARCH Computer Architecture News*, 44(3):27–39, IEEE Press, 2016. DOI: 10.1145/3007787.3001140. 148

[378] D. Wofk, F. Ma, T.-J. Yang, S. Karaman, and V. Sze, FastDepth: Fast monocular depth estimation on embedded systems, *ArXiv Preprint ArXiv:1903.03273*, 2019. DOI: 10.1109/icra.2019.8794182. 148

[379] M. D. Hill and V. J. Reddi, Accelerator level parallelism, *ArXiv Preprint ArXiv:1907.02064*, 2019. 148

[380] M. Hill and V. J. Reddi, Gables: A roofline model for mobile SoCs, *IEEE International Symposium on High Performance Computer Architecture (HPCA)*, pages 317–330, 2019. DOI: 10.1109/hpca.2019.00047. 148

[381] P. L. Mckerracher, R. P. Cain, J. C. Barnett, W. S. Green, and J. D. Kinnison, Design and test of field programmable gate arrays in space applications, 1992. 149

[382] R. Gaillard, Single event effects: Mechanisms and classification, *Soft Errors in Modern Electronic Systems*, pages 27–54, Springer, 2011. DOI: 10.1007/978-1-4419-6993-4_2. 149

[383] M. Wirthlin, FPGAs operating in a radiation environment: Lessons learned from FPGAs in space, *Journal of Instrumentation*, 8(2):C02020, 2013. DOI: 10.1088/1748-0221/8/02/c02020. 150

[384] F. Brosser and E. Milh, SEU mitigation techniques for advanced reprogrammable FPGA in space, Master's thesis, 2014. 150, 151

[385] B. Ahmed and C. Basha, Fault mitigation strategies for reliable FPGA architectures,

Ph.D. Dissertation, Rennes 1, 2016. 150, 151

[386] S. Habinc, Suitability of reprogrammable FPGAs in space applications, *Gaisler Research, Feasibility Report*, 2002. 150

[387] G. Lentaris, K. Maragos, I. Stratakos, L. Papadopoulos, O. Papanikolaou, D. Soudris, M. Lourakis, X. Zabulis, D. Gonzalez-Arjona, and G. Furano, High-performance embedded computing in space: Evaluation of platforms for vision-based navigation, *Journal of Aerospace Information Systems*, 15(4):178–192, 2018. DOI: 10.2514/1.i010555. 151

[388] G. Lentaris, I. Stamoulias, D. Diamantopoulos, K. Maragos, K. Siozios, D. Soudris, M. A. Rodrigalvarez, M. Lourakis, X. Zabulis, I. Kostavelis et al., Spartan/sextant/compass: Advancing space rover vision via reconfigurable platforms, *International Symposium on Applied Reconfigurable Computing*, pages 475–486, Springer, 2015. DOI: 10.1007/978-3-319-16214-0_44. 151

[389] C. G. Harris, M. Stephens et al., A combined corner and edge detector, *Alvey Vision Conference*, 15(50):10–5244, Citeseer, 1988. DOI: 10.5244/c.2.23. 153

[390] E. Rosten, R. Porter, and T. Drummond, Faster and better: A machine learning approach to corner detection, *IEEE Transactions on Pattern Analysis and Machine Intelligence*, 32(1):105–119, 2008. DOI: 10.1109/tpami.2008.275. 153

[391] D. G. Lowe, Distinctive image features from scale-invariant keypoints, *International Journal of Computer Vision*, 60(2):91–110, 2004. DOI: 10.1023/b:visi.0000029664.99615.94. 153

[392] H. Bay, T. Tuytelaars, and L. Van Gool, Surf: Speeded up robust features, *European Conference on Computer Vision*, pages 404–417, Springer, 2006. DOI: 10.1007/11744023_32. 153

[393] G. Lentaris, I. Stamoulias, D. Soudris, and M. Lourakis, HW/SW codesign and FPGA acceleration of visual odometry algorithms for rover navigation on Mars, *IEEE Transactions on Circuits and Systems for Video Technology*, 26(8):1563–1577, 2015. DOI: 10.1109/tcsvt.2015.2452781. 153

[394] T. M. Howard, A. Morfopoulos, J. Morrison, Y. Kuwata, C. Villalpando, L. Matthies, and M. McHenry, Enabling continuous planetary rover navigation through FPGA stereo and visual odometry, *IEEE Aerospace Conference*, pages 1–9, 2012. DOI: 10.1109/aero.2012.6187041. 153

[395] R. S. Sutton and A. G. Barto, *Reinforcement Learning: An Introduction*, MIT Press, 2018. DOI: 10.1109/tnn.1998.712192. 153

[396] P. R. Gankidi and J. Thangavelautham, FPGA architecture for deep learning and its application to planetary robotics, *IEEE Aerospace Conference*, pages 1–9, 2017. DOI: 10.1109/aero.2017.7943929. 154

[397] T. Y. Li and S. Liu, Enabling commercial autonomous robotic space explorers, *IEEE Potentials*, 39(1):29–36, 2019. DOI: 10.1109/mpot.2019.2935338. 154

[398] D. Ratter, FPGAs on Mars, *Xcell Journal*, 50:8–11, 2004. 155, 156

[399] J. F. Bell III, S. Squyres, K. E. Herkenhoff, J. Maki, H. Arneson, D. Brown, S. Collins, A. Dingizian, S. Elliot, E. Hagerott et al., Mars exploration rover Athena panoramic camera (pancam) investigation, *Journal of Geophysical Research: Planets*, 108(E12), 2003. DOI: 10.1029/2003je002070. 155, 156

[400] Space flight system design and environmental test, 2020. https://www.nasa.gov/sites/default/files/atoms/files/std8070.1.pdf 156

[401] M. C. Malin, M. A. Ravine, M. A. Caplinger, F. Tony Ghaemi, J. A. Schaffner, J. N. Maki, J. F. Bell III, J. F. Cameron, W. E. Dietrich, K. S. Edgett et al., The Mars science laboratory (MSL) mast cameras and descent imager: Investigation and instrument descriptions, *Earth and Space Science*, 4(8):506–539, 2017. DOI: 10.1002/2016ea000252. 156, 157

[402] C. D. Edwards, T. C. Jedrey, A. Devereaux, R. DePaula, and M. Dapore, The electra proximity link payload for Mars relay telecommunications and navigation, 2003. DOI: 10.2514/6.iac-03-q.3.a.06. 157

[403] A. Johnson, S. Aaron, J. Chang, Y. Cheng, J. Montgomery, S. Mohan, S. Schroeder, B. Tweddle, N. Trawny, and J. Zheng, The lander vision system for Mars 2020 entry descent and landing, *NASA, Jet Propulsion Laboratory*, California Institute of Technology, 2017. 157

[404] Y.-H. Lai, Y. Chi, Y. Hu, J. Wang, C. H. Yu, Y. Zhou, J. Cong, and Z. Zhang, HeteroCL: A multi-paradigm programming infrastructure for software-defined reconfigurable computing, *Proc. of the ACM/SIGDA International Symposium on Field-Programmable Gate Arrays*, pages 242–251, 2019. DOI: 10.1145/3289602.3293910. 161

[405] S. Liu, J.-L. Gaudiot, and H. Kasahara, Engineering education in the age of autonomous machines, *Computer*, 54, 2021. DOI: 10.1109/mc.2021.3057407. 161

推荐阅读

机器人学导论（原书第4版）

作者：[美] 约翰·J. 克雷格（John J. Craig）　译者：负超 王伟
ISBN：978-7-111-59031-6　定价：79.00元

本书是美国斯坦福大学John J. Craig教授在机器人学和机器人技术方面多年的研究和教学工作的积累，根据斯坦福大学教授"机器人学导论"课程讲义不断修订完成，是当今机器人学领域的经典之作，国内外众多高校机器人相关专业推荐用作教材。作者根据机器人学的特点，将数学、力学和控制理论等与机器人应用实践密切结合，按照刚体力学、分析力学、机构学和控制理论中的原理和定义对机器人运动学、动力学、控制和编程中的原理进行了严谨的阐述，并使用典型例题解释原理。

现代机器人学：机构、规划与控制

作者：[美] 凯文·M. 林奇（Kevin M. Lynch）[韩] 朴钟宇（Frank C. Park）　译者：于靖军 贾振中
ISBN：978-7-111-63984-8　定价：139.00元

机器人学领域两位享誉世界资深学者和知名专家撰写。以旋量理论为工具，重构现代机器人知识体系，既直观反映机器人本质特性，又抓住学科前沿。名校教授鼎力推荐！

"弗兰克和凯文对现代机器人学做了非常清晰和详尽的诠释。"

——哈佛大学罗杰·布罗克特教授

"本书传授了机器人学重要的见解……以一种清晰的方式让大学生们容易理解它。"

——卡内基·梅隆大学马修·梅森教授